Worliczek/Zechmeister

Berufsprinzip Mensch sein

Hubert Worliczek/Elisabeth Zechmeister

Berufsprinzip Mensch sein

Wie Wertschätzung zum Erfolg führt

GOLDEGG VERLAG

ISBN: 978-3-901880-60-5

Mommsengasse 4/2
A-1040 Wien
Telefon: +43 (0) 1 5054376-0
E-Mail: office@goldegg-verlag.com
http://www.goldegg-verlag.com
Lektorat und Herstellung: Goldegg Verlag GmbH

Vorwort

Die Welt hat sich verändert.

„Mach so viel Geld, wie Du nur kannst, ohne Rücksicht auf andere und zu jeglichem Risiko“ – dieser neoliberale Wert ist mit dem Ausbruch der Finanzkrise im Jahr 2008 verblasst.

Die Finanzkrise, die überraschend schnell auf die Realwirtschaft übergegriffen hat, ist auch eine Krise der Werte. Viele haben begonnen, ihre persönlichen Werte und die der Gesellschaft zu hinterfragen. Die Welt ist auf der Suche nach neuen Werten.

Die entscheidende Frage lautet: Ist der Mensch etwas wert? Oder ist er nur eine Funktion im übergeordneten Gesellschafts- und Wirtschaftssystem? Ist „Mensch sein“ ein taugliches Mittel im beruflichen Feld? Oder stehen menschliche Werte dem äußeren Erfolg – Karriere, Macht, Geld etc. – entgegen? Haben jene eine Chance auf Erfolg, die Menschsein zu ihrem Berufsprinzip machen?

Dieses Buch ist für Menschen geschrieben, die menschliche Werte mit wirtschaftlichem Erfolg in Übereinstimmung bringen wollen. Dies ist ein Buch für alle, die sowohl im Äußeren erfolgreich, als auch innerlich erfüllt und glücklich sein wollen.

Menschen wollen Glück erreichen und Unglück vermeiden. Darin sind alle Menschen gleich.

Die Vorstellungen, wie man Glück erlangt, gehen allerdings weit auseinander.

Manche Menschen haben ihre Vorstellungen von Glück und Erfolg verwirklicht und empfinden ihr Leben als rundum reich und sinnvoll.

Andere, die das erreicht haben, was sie wollten und von dem sie geglaubt haben, dass es sie glücklich macht, sind am Ende ausgebrannt. Sie empfinden ihr Leben sinnentleert. Nicht alles, was wie Erfolg aussieht, macht glücklich.

Laut Statistik Austria empfinden sich 1,3 Millionen Erwerbstätige oder 32% aller Erwerbstätigen in Österreich am Arbeitsplatz psychisch belastet. Bei den selbstständig Erwerbstätigen sind es sogar 37%, bei den nicht manuell tätigen Selbstständigen 35%[1]. Welche Verschwendung an Energie,

Motivation und Kreativität! Das zeigt, dass es da noch ein riesiges Potenzial zu erschließen gibt.

Da muss es eine bessere Lösung geben!

Ist die Spirale von immer mehr Druck und Stress eine schicksalhafte Dynamik? Müssen wir unsere Lebensqualität, vielleicht sogar unsere Gesundheit opfern, um mithalten zu können?

Oder ist es möglich, sowohl erfolgreich als auch glücklich zu sein?

Dieses Buch zeigt einen Weg auf, wie Sie mit Wertschätzung und Liebe für sich und andere mehr Erfolg *und* mehr Glück in Ihrem Beruf und in Ihrem Leben erlangen können.

Dazu haben wir 15 erfolgreiche Menschen – Unternehmer und Führungskräfte aus Profit- und Non-Profit-Unternehmen – ausführlich interviewt, denen bei aller wirtschaftlichen Denkweise Wertschätzung für den Menschen nachweislich wichtig ist. Sie haben diesen Weg der Wertschätzung sowohl in Zeiten der Prosperität als auch in Krisenzeiten erprobt. Ihre Aussagen, die wir im Buch zitieren, zeigen, wie Liebe bzw. menschliche Wertschätzung nicht nur mit Erfolg verträglich sind, sondern vielmehr wesentlich zu ihrem Erfolg beitragen.

Die Mehrzahl unserer Interviewpartner kommt aus Profit-Unternehmen– hier ist anhand von Zahlen am deutlichsten belegbar, wie menschliche Wertschätzung, verbunden mit professionellem Management, zu wirtschaftlichem Erfolg führt.

Die daraus gewonnenen Erkenntnisse können überall dort, wo Menschen zusammenwirken, genutzt werden – auch in Non-Profit-Organisationen, in der Schule, in der Politik, sowie in Partnerbeziehungen und Familie.

Unsere Interviewpartner sind zum allergrößten Teil männlichen Geschlechts. Dies hat wohl damit zu tun, dass Frauen derzeit als Führungskräfte unterrepräsentiert sind. Wir sind der Meinung, dass Frauen in Zukunft einen weitaus größeren Teil der Führungspositionen einnehmen sollten. Wir wollten uns jedoch hier auf das Thema des Buches konzentrieren und nicht künstlich eine „Frauenquote“ herstellen.

---

1 Statistik Austria, Gesundheitsrisiko Arbeitsplatz: Belastungsfaktoren, Gesundheitsbeschwerden und Arbeitsunfälle

Das Buch ist für alle Menschen geschrieben, die ihr Berufsleben, und gleichzeitig ihr Privatleben aktiv, erfolgreich und Glück bringend gestalten wollen. Dazu muss man nicht unbedingt eine formelle Führungsposition bekleiden – zunächst geht es ja darum, sich selbst zu führen. Und dann führt man andere Menschen, so der Lehrer in der Schule, die Eltern in der Familie, der Sachbearbeiter in seinem Sachbereich, und natürlich die Führungskraft im Unternehmen.

Der Schule haben wir ein ganzes Kapitel gewidmet, da wir sie als wichtige Organisation sehen, die den jungen Menschen jene Fähigkeiten vermitteln kann, die erforderlich sind, um als Erwachsene in Beruf und Familie erfolgreich mit anderen zusammen zu arbeiten.

Die Sichtweise, dass Wertschätzung Erfolg versprechend ist, wird ebenfalls durch neue Forschungsergebnisse gestützt, insbesondere aus der Gehirnforschung. Wir werden immer wieder wissenschaftliche Erkenntnisse zitieren. Wir haben aber nicht den Anspruch, ein wissenschaftliches Werk verfasst zu haben. Dieses Buch ist für Praktiker geschrieben, und wer die wissenschaftlichen Ergebnisse vertiefen will, kann dies anhand der angegebenen Literatur tun.

Selbstverständlich sind auch unsere professionellen und persönlichen Erfahrungen eingeflossen.

In unser beider Praxis als Trainer und Coaches und zusätzlich Elisabeths Erfahrung als Pädagogin durften wir viele Menschen ein Stück ihres Weges begleiten. Dabei haben wir gelernt, dass die Menschen eine tiefe Sehnsucht nach Wertschätzung und Liebe haben, und dass genau das zu einem wichtigen Motivationsfaktor werden kann.

Wir haben in unseren Berufen viele Aus- und Fortbildungen absolviert. Wir haben dabei gelernt, dass unterschiedliche Schulen unterschiedliche Aspekte der Realität einbringen und das Bild vollständiger machen. Vieles ist in dieses Buch eingeflossen. Wir legen gleichzeitig Wert auf die Feststellung, dass dieses nicht einer bestimmten Methode oder Schule zugeordnet werden kann.

Wir zitieren die Aussagen unserer Interviewpartner wörtlich und in einem Zusammenhang, der nach unserem besten Wissen der ursprünglichen Bedeutung entspricht.

Wenn eine Person zitiert wird, darf man jedoch nicht daraus schließen, dass diese Person mit allen anderen Aussagen dieses Buches oder mit denen anderer Interviewpartner übereinstimmt.

Wenn wir in der Folge von „Elisabeth“ oder „Hubert“ schreiben, dann meinen wir jeweils einen von uns Autoren.

Dank

Wir danken herzlich allen, die zum Entstehen des Buches beigetragen haben:

unseren Interviewpartnern, die uns ihre Zeit geschenkt haben: Hans Dokulil, Martin Essl, Josef Fegerl, Gerhard Graßegger, Werner Gutzwar, Peter Kospach, Wolfgang Lakata, Peter Malata, Peter Mitterbauer, Werner Mras, Franz Peneder. Thomas Prigl, Herti Rath, Claus Repnik, Wolfgang Vlk (weitere Informationen im Anhang).

Huberts Frau Madelaine fürs kritische Durchlesen aller Texte, für zahlreiche Anregungen und für die Unterstützung in jeder Hinsicht.

Elisabeths Partner Karl für seine Geduld und sein Verständnis.

Elisabeths Großvater, der durch seinen unerschütterlichen Glauben an sie und durch seine bedingungslose Liebe ihre Entwicklung ermöglichte.

Elisabeths Mentor Robert Dilts für die Inspiration zu diesem Thema durch seine gelebte Wertschätzung.

Huberts Mutter, die sein Interesse für die großen Zusamenhänge weckte.

Huberts Vater, der ihm Verständnis fürs Kaufmännische vermittelte.

Huberts Förderer Wolfgang Stabentheiner, der ihm den Sinn des „Willkommen“ vermittelte.

Wilfried Zaremba für seine Idee, Maslows Bedürfnispyramide auf 7 Ebenen auszuweiten.

Elisabeths und Huberts spirituellen Lehrern aus verschiedensten Kulturkreisen.

Karla Tockner, Irmgard Böhm, Fritz Veitsberger, Hannes Purkarthofer, Hermann Weissgärber, Wolfgang Weissgärber, Harald Wächter, Josef Maier und

Walter Buchinger fürs kritische Durchlesen des Manuskripts, für ihr Feedback und für zahlreiche Anregungen.

Rosemarie Mayr, Michael Fegerl, Johanna Hartung, Marita Frohnhofen und Fritz Pusch für ihre Anregungen zum Buchtitel.

Monika Wengler fürs Schreiben der Transkripte.

Wulfing von Rohr und Petra Moritz für viele praktische Tipps.

Verena Minoggio vom Goldegg Verlag, die sich persönlich für dieses Buch und dieses Thema engagierte und uns zahlreiche Anregungen gab.

Elmar Weixlbaumer vom Goldegg Verlag für seine Flexibilität und Geduld bei den Vertragsverhandlungen.

Und allen Freunden, die uns in unzähligen Gesprächen und Diskussionen Anregungen vermittelten.

Dr. *Elisabeth Zechmeister* Mag. *Hubert Worliczek*

Inhaltsübersicht

Inhaltsverzeichnis

1 Worum es in diesem Buch geht

1. Kapitel
Was Liebe bedeutet und warum sie wichtig ist

Was hat Wirtschaft mit Liebe zu tun?

„Wertschätzung“ ist jene Ausdrucksform von Liebe, die dem beruflichen und wirtschaftlichen Umfeld entspricht. Beginnen wir mit dem Begriff der Liebe.

Wenn wir im Zusammenhang mit „Wirtschaft“ oder „Erfolg“ das Wort „Liebe“ verwenden, so wird das manchem auf den ersten Blick absurd erscheinen. Denn ist Wirtschaft, wie sie in der Realität aussieht, nicht das Gegenteil von Liebe? Kommt es nicht darauf an, gegen den Konkurrenten auf dem Markt zu kämpfen, sich auf Kosten des anderen möglichst viele Vorteile zu verschaffen, um schließlich als Sieger das Feld zu beherrschen?

Tatsächlich wird in weiten Bereichen der Wirtschaft eine kriegerische Sprache gepflegt: Man spricht vom Verkauf als der „Front“. Unternehmen bauen eine „Kriegskasse“ auf, um mit einer durchdachten „Strategie“ den „Gegner“ auf dem Markt zu vernichten.

Ähnlich gibt es eine Konkurrenz innerhalb vieler Unternehmen, um den Konkurrenten im Kampf um die Karriereposition aus dem Feld zu schlagen.

Ist es da nicht eine romantische Illusion, im Zusammenhang mit der Wirtschaft von Liebe zu sprechen?

Doch, da gibt es auch noch andere Sichtweisen in der Wirtschaft!

Jenes Unternehmen wird erfolgreich sein, das die Bedürfnisse seiner Kunden *versteht* und *für* die Kunden produziert. Um das zu schaffen, braucht das Unternehmen Teams, die ein *gemeinsames* Produkt von hoher Qualität schaffen. Es geht also darum, *für jemand anderen da zu sein* – für den Kunden und für den Kollegen im Team.

Wir haben erfolgreiche Unternehmer und Führungskräfte interviewt, und alle haben Wertschätzung als wesentliches Erfolgskriterium benannt. So Gerhard Graßegger: „Ich bin der Meinung, dass Wertschätzung überhaupt der Schlüssel zum Erfolg ist ... Es geht darum, sich als Führungskraft bewusst zu machen, dass zu 70–80% der Mensch, der Mitarbeiter den Erfolg im Unternehmen ausmacht."

Hans Dokulil: „Langfristig ist Wertschätzung auf alle Fälle notwendig, um wirtschaftlichen Erfolg in Systemen, in Firmen zu gewährleisten."

Einige haben wörtlich von Liebe für die Aufgabe und für die Mitarbeiter gesprochen.

Peter Kospach: „Wertschätzung ist ein Punkt, der mit gegenseitiger Achtung und Liebe zu tun hat. In einem Umfeld mit Liebe wird man sicher besser und leichter arbeiten."

In der Pädagogik können wir beobachten, dass die Liebe der Eltern und anderer Bezugspersonen die wichtigste Kraft ist, die Kinder für das Leben erfolgreich macht. Kinder, die sich geliebt fühlen, sind fähig, mit anderen in Beziehung zu gehen und zusammenzuarbeiten. Solche Kinder entwickeln ihre intellektuellen und sozialen Fähigkeiten am schnellsten und weitesten.

Braucht nicht gerade die Wirtschaft Menschen, die mit anderen in Beziehung gehen und im Team zusammen arbeiten, die neue Ideen entwickeln, die fachkompetent und intelligent sind und ihre Aufgabe mit Freude erfüllen?

Wir behaupten nicht, dass in der Wirtschaft, wie auch in der Politik und in anderen Machtstrukturen zurzeit die Liebe vorherrschend ist.

Dieses Buch entstand aus der Überzeugung heraus, dass es einen besseren Weg gibt – den Weg der Wertschätzung und menschlichen Achtung. Diese Überzeugung resultiert aus unserer langjährigen Erfahrung als Trainer und Coaches, sowie aus Elisabeths pädagogischer Arbeit. Sie wird von erfolgreichen Unternehmern und Führungskräften aus der Wirtschaft geteilt.

In diesem Buch zeigen wir,

- wie es möglich ist, im Beruf Liebe zu leben und damit finanziell und als ganzer Mensch erfolgreich zu sein,
- was die konkreten Schritte und Methoden dazu sind,
- warum die Welt Liebe braucht, um die drängendsten Probleme zu lösen und
- was sich im Großen verändert, wenn immer mehr Menschen aus einer Grundhaltung der Liebe heraus wirtschaften.

Dieses Buch vermittelt die Zuversicht, dass Sie im Beruf, in der Wirtschaft und in anderen Organisationen mit Liebe erfolgreich sein können. Es ermutigt Sie, Liebe in Ihrem Beruf und in Ihrem privaten Bereich zu leben und zeigt Wege auf, dies in der Praxis zu verwirklichen.

Wir laden Sie dazu ein, Ihr Leben als gelungenes Gesamtkunstwerk (Matthias Horx) zu gestalten – sowohl im Äußeren erfolgreich als auch im Inneren erfüllt und voll Freude.

Für wen ist dieses Buch geschrieben?

Für alle, die in der Wirtschaft, in der Verwaltung, in Organisationen tätig sind: für Führungskräfte, für Projektleiter, für Fachexperten, für Sachbearbeiter …

– und für deren Angehörige, Partner, die auch davon betroffen sind.

Für Lehrer, die Kinder darauf vorbereiten, in ihrem späteren Leben erfolgreich und glücklich zu sein.

Für alle Menschen, denen es nicht genügt, dass Familie und Privatleben dafür herhalten müssen, die Energieverluste aus dem Berufsleben auszugleichen. Für alle, die im Berufsleben genau so wie im Privatleben Erfüllung finden wollen.

Das Buch ist für Menschen geschrieben, die bereit sind, ihr Leben nicht nur mit dem Kopf, sondern auch mit dem Herz zu gestalten.

Wir selbst haben das Buch mit offenen Herzen geschrieben. Wir sind aber auch der Meinung, dass wir die Dinge mit dem Verstand überprüfen sollten. So zitieren wir immer wieder Ergebnisse der modernen Gehirnforschung und anderer Wissenschaften, die das bekräftigen, ergänzen und konkretisieren, was wir mit dem Herz spüren können.

Was mit Liebe gemeint ist

Jeder Mensch hat eine tiefe Sehnsucht danach; jeder Mensch hat damit schon schmerzliche Enttäuschungen und Verletzungen erlitten; sie ist in der Praxis schwer zu erlangen; viele glauben, sie mit Geld bekommen zu können; viele haben es schon aufgegeben, danach zu streben; und letztlich dreht sich alles darum – das ist die Liebe.

Nicht alles, was als Liebe bezeichnet wird, ist auch Liebe.

Besitzergreifende Liebe ist in Wirklichkeit der Versuch, den anderen festzuhalten, um das zu bekommen, was man will.

Auch Verliebtheit ist noch nicht Liebe. Wer verliebt ist, glaubt, jetzt endlich den idealen Partner gefunden zu haben, der alle Ansprüche erfüllt. Der Verliebte projiziert seine eigenen Bilder auf den anderen und ist für die Realität blind. Wenn die Verliebtheit verflogen ist und man auch die „unliebsamen“ Eigenschaften des Partners sieht, dann beginnt die Desillusionierung und ein Prozess, der zu reifer Liebe, aber auch zu Trennung führen kann.

Selbstverständlich ist Liebe nicht mit Sex gleichzusetzen. Sex ist ein körperliches Bedürfnis und kann mit Liebe verbunden sein, aber auch mit ganz anderen Emotionen.

Wenn ich etwas gebe in der Erwartung, dafür etwas Bestimmtes zu bekommen, ist das nicht Liebe, sondern Kalkül und Manipulation.

Liebe darf auch nicht mit Aufopferung gleichgesetzt werden. Wer sich aufopfert, der fordert insgeheim.

Liebe heißt, den anderen so anzunehmen, wie er ist – weil er ein Mensch ist wie ich. Und: mich selbst so anzunehmen, wie ich bin. Liebe bedeutet, den anderen und mich selbst als menschlich gleichwertig zu betrachten.

Franz Peneder verwendet das treffende Wort „Menschenliebe“. Und: „Es ist das Schönste, was einem überhaupt passieren kann, wenn man Menschen lieben kann.“

Liebe heißt, in einer wohlwollenden Art für den anderen da zu sein.

Liebe wächst und wird uns geschenkt und wir schenken sie anderen, wenn wir uns als Menschen verwirklichen und unsere Herzen öffnen. Liebe ist spürbar und schafft eine ungeahnte Lebensqualität.

Ich kann den anderen nur lieben, wenn ich mich selbst liebe. So gut, wie ich mit mir selbst umgehe, so gut gehe ich mit dem anderen um. So gut, wie ich mit dem anderen umgehe, so gut gehe ich mit mir selbst um.

Liebe weiß, dass wir nicht getrennt sind.

Liebe braucht Mut. Das Ergebnis von Liebe ist nicht berechenbar und nicht kontrollierbar.

Und doch: Wenn Sie Ihr Leben in Liebe leben, können Sie sicher sein, dass es ein reiches und erfülltes Leben sein wird. Wenn wir Liebe geben, entsteht unweigerlich ein Rückfluss. Wir haben jedoch nicht die Kontrolle darüber, was genau der Rückfluss sein wird. Oft kommt der Rückfluss von einer Seite, von der wir es gar nicht erwarten.

Dazu Wolfgang Vlk: „... wenn ich etwas von mir von Herzen gebe, kommt nahezu in allen Fällen immer etwas Positives, Angenehmes zurück."

Liebe kann viele verschiedene Formen annehmen:

Einen Mitarbeiter wertschätzen, den Mitarbeiter fördern, für einen Freund da sein, für den Lebenspartner da sein, mit den Kindern einen Ausflug machen, sich um die Mutter kümmern, ein Klima von Begeisterung im Team schaffen, für den Kunden da sein, Mutter Teresa in Indien ...

Unterschiedliche Nähe und Bindung Liebe kann mit unterschiedlicher Nähe und unterschiedlicher persönlicher Bindung einhergehen.

Liebe in der Partnerschaft zwischen Mann und Frau ist mit Nähe und Intimität verbunden. Die Nähe kann so stark werden, dass in manchen Augenblicken beide das Gefühl haben, miteinander zu verschmelzen. Wenn die Partner ihr Leben lang zusammen bleiben, dann zeigt das einen hohen Grad an Bindung.

Die Liebe zwischen einer Mutter und ihrem Baby drückt sich in großer Nähe und starker Bindung aus. Wenn das Kind älter wird, werden Nähe und Bindung geringer, die Liebe aber bleibt.

Im Berufs- und Geschäftsleben ist die Distanz größer als im Familien- und Privatleben. Viele unserer Interviewpartner verwendeten dementsprechend nicht das Wort „Liebe", sondern „Wertschätzung", „Achtung", „den Menschen ernst nehmen", „Anerkennung".

Der Vorstandsvorsitzende eines großen Unternehmens kann nicht persönliche Nähe zu jedem von tausenden Mitarbeitern haben – trotzdem kann er die Mitarbeiter mögen und wertschätzen. Er kann dies auch so zum Ausdruck bringen, dass es bei den Mitarbeitern an der Basis ankommt und diese sich gemocht und wertgeschätzt fühlen.

Wir sehen dies als einen der Wirtschaft entsprechenden Ausdruck von Liebe für die Menschen.

Manche Menschen entwickeln Liebe zur ganzen Menschheit, obwohl sie natürlich nicht persönliche Nähe und Bindung zu jedem Einzelnen haben können. So kann das Engagement für Frieden oder für Entwicklungsprojekte von dieser Art von überpersönlicher Menschenliebe geleitet sein.

Was ist „wahrer Erfolg"?

Manchmal sehen wir, dass Menschen ihren Erfolg nur in finanziellen Kennzahlen definieren. Mit dieser Denkweise werden alle anderen Lebensqualitäten ignoriert. Sieht ein Mensch nur den finanziellen Erfolg alleine, so wird er diesem, ohne sich dessen bewusst zu sein, seine Beziehungen, seine Gesundheit, seine ehrlichen Freundschaften und viele andere potenzielle Quellen seines Lebensglücks opfern.

So mag sich jemand einseitig auf seine Karriere konzentrieren und scheitert in der Partnerbeziehung. Er verliert die „Rückendeckung" im privaten Bereich, und gerade das kann sich früher oder später als Bumerang für den beruflichen Erfolg erweisen.

Andere Menschen machen viel Geld und werden reich, aber innerlich leiden sie an einem Mangel – auch wenn sie schließlich viel mehr besitzen als die meisten anderen, glauben sie noch immer, dass sie zu wenig haben. Sie wollen immer mehr, in der Hoffnung, einmal glücklich zu sein, und sie erreichen ihr Ziel nie.

Zum Wohlstand gehört natürlich auch Geld, aber das ist nur ein Teil des wahren Erfolgs.

Die Definition von „Wahrer Erfolg“ ist: Ich erreiche etwas, das mich glücklich und zufrieden macht. Dazu gehört in der Regel auch der finanzielle Erfolg, aber noch vieles andere mehr. „Wahrer Erfolg“ ist immer ein zwischen Beruf und Privatleben ausgeglichener Erfolg. „Wahrer Erfolg“ braucht eine Balance zwischen materiellen und geistigen Zielen.

„Wahrer Erfolg“ zeigt sich daran, dass in unserem Leben eine Fülle existiert, sowohl im Äußeren wie auch in der Tiefe unserer Seele.

2. Kapitel
Warum wir Liebe in der Wirtschaft brauchen

Licht und Schatten des gegenwärtigen Wirtschaftssystems

Das heutige Weltwirtschaftssystem hat einen in der Geschichte der Menschheit noch nie da gewesenen Reichtum geschaffen.

Moderne Technologien eröffnen ungeahnte Möglichkeiten. Wir sind weltweit vernetzt und können in Sekundenschnelle Informationen an das andere Ende der Welt schicken. Mit schnellen/raschen Verkehrsmitteln können wir in wenigen Stunden an weit entfernte Orte gelangen. Wir können in die unendlichen Weiten des Weltraums blicken. Gleichzeitig erkennen wir die kleinsten subatomaren Strukturen.

Mit den heute verfügbaren Ressourcen besteht die Möglichkeit, dass alle Menschen genug zum Essen, zum Anziehen, zum Wohnen und noch Einiges darüber hinaus hätten. Es bräuchte niemand Angst um seine Existenz zu haben.

Befreit von der Sorge ums materielle Überleben könnten die Menschen ihren höherwertigen persönlichen, kulturellen und spirituellen Bedürfnissen nachgehen.

Eigentlich wären alle äußeren Voraussetzungen gegeben, dass alle Menschen ein zufriedenes Leben führen könnten.

Tatsächlich sieht die Realität der modernen Welt anders aus.

Der Reichtum basiert auf Erdöl, das zu einem großen Teil aus politisch instabilen Weltgegenden kommt. Die Produzenten und Transporteure von Erdgas unterbrechen vertragswidrig die Lieferungen. Daraus ergeben sich zahlreiche unkalkulierbare Risiken, Konfliktpotenziale und Erpressungsmöglichkeiten.

Erdöl ist wie Erdgas ein fossiler Brennstoff, der die Erdatmosphäre aufheizt. Der daraus folgende Klimawandel schafft immer mehr ökonomische, soziale und politische Probleme.

Der Reichtum in der Welt ist ungleich verteilt, die Kluft zwischen Arm und Reich wird immer größer – zwischen den Ländern der Welt und selbst innerhalb der reichen Länder.

Der Terrorismus bedroht soziale und wirtschaftliche Systeme. Er hat mit Armut zu tun. Wer wohlhabend und satt ist, wird kaum bereit sein, sich selbst und andere in die Luft zu sprengen.

Bisherige Kulminationspunkte waren der 11. September 2001 sowie die 2008 ausgebrochene Finanzkrise, die zu einem Fast-Zusammenbruch des Weltfinanzsystems geführt und eine Rezession nach sich gezogen hat.

Die Konsequenzen des schrankenlosen Konkurrenzdenkens

Die neoliberale Wirtschaftstheorie ging von der Grundannahme aus, dass die Wirtschaft dann floriert, wenn die Konkurrenz sich möglichst ungehindert auf dem freien Markt entfalten kann. Alle sonstigen gesellschaftlichen und politischen Maßnahmen hätten sich dieser Maxime unterzuordnen.

Gegen gesunden Wettbewerb ist selbstverständlich nichts einzuwenden. Er fördert den technologischen Fortschritt, bringt neue Produktionsweisen hervor und hat immensen wirtschaftlichen Reichtum geschaffen.

Das Problem entsteht jedoch dadurch, dass das Prinzip der Konkurrenz *verallgemeinert* wird: Wenn Banken, um sich Konkurrenzvorteile zu verschaffen, immer größere Risiken in ihren Veranlagungen eingehen, bis das System in einer Finanzkrise zusammenbricht. Wenn in manchen Unternehmen einer gegen den anderen kämpft, um Karrierepositionen zu erobern – auch um den Preis, dass immer mehr Menschen dem Burn-out zum Opfer fallen. Wenn die natürliche Umwelt, die keinen Marktpreis hat, zerstört wird. Wenn die Verlierer aus dem Spiel des Marktes heraus fallen und in einen Teufelskreis geraten, der ihnen jede Hoffnung nimmt, jemals wieder mitspielen zu können.

Häufig wird das Prinzip der Konkurrenz auch auf private Beziehungen übertragen: der Kampf um die schönste Frau, den attraktivsten Mann; der Kampf der Geschlechter; der Kampf zwischen den Generationen …

Menschen verhalten sich entsprechend ihrer inneren Landkarten und diese stammen immer aus vergangenen Erfahrungen.

In herausfordernden Situationen treten archaische Landkarten besonders deutlich hervor:
Früher holten sich die Menschen als Jäger im Urwald die Beute – heute versuchen sie, auf den Aktienmärkten mit allen Mitteln Geld zu erjagen. Wenn die Situation aber bedrohlich wird, bricht der Fluchtinstinkt durch, allgemeine Panik macht sich breit.

Der Jagdinstinkt – „mach so viel Beute wie möglich!" – hat unseren Vorfahren ebenso wie der Fluchtinstinkt geholfen, als Jäger und Sammler zu überleben.

Heute arbeiten wir in hochkomplexen, hochsensiblen Systemen – wie den Finanzmärkten, den ökologischen Systemen, den politischen und sozialen Systemen usw. – mit jenen Instinkten, die fürs Überleben in der Wildnis bestimmt waren.

So haben die USA bis vor Kurzem die Zustimmung zu den Klima-Zielen der Kyoto-Konferenz verweigert, weil sie glaubten, ihre Gewinne = Beute seien in Gefahr. Sie haben dabei nicht wahrgenommen, dass es hier um das Überleben der ganzen Menschheit und damit auch um ihr eigenes Überleben und ihre eigenen Gewinne geht.

Die Methoden der Vergangenheit reichen nicht mehr aus, um die Probleme der Gegenwart zu lösen und die Zukunft lebenswert zu gestalten.

Wie können die Lösungen der Zukunft aussehen?

Bewusstseinswandel als Herausforderung und Chance

Das Problem besteht nicht darin, dass nicht die erforderlichen materiellen Ressourcen vorhanden wären.

Das Problem besteht im Bewusstsein der Menschen und der Menschheit als Ganzes. Es geht darum, wie wir als Menschen miteinander in Beziehung treten und wie wir mit den vorhandenen Ressourcen umgehen.

Es braucht neue „Landkarten", neue Einstellungen und Verhaltensweisen.

Die Probleme der Klimaveränderung können wir als Menschheit nur lösen, wenn wir miteinander reden, vorübergehende Einzelvorteile hintanstellen und gemeinsame Lösungen finden, die allen ein gutes Leben ermöglichen. Dazu braucht es eine Veränderung des Bewusstseins. Es gilt, vom instinkthaften Verhalten, „Beute zu machen“, wegzukommen und unsere menschliche Intelligenz zu nutzen, die imstande ist, eine gemeinsame Zukunft zu planen und zu verwirklichen.

Damit wir vom Gegeneinander zum Miteinander kommen.

Und dazu kann jeder sofort in seinem Lebensbereich ein Stück beitragen!

Die Eltern in der Familie; der Kollege am Arbeitsplatz zum anderen Kollegen; der Teamleiter zu den Teammitgliedern; der Unternehmer und die Führungskraft im eigenen Unternehmen; der Politiker im eigenen Land oder international.

In diesem Buch zeigen wir Wege auf, wie dies konkret machbar ist.

Dafür gibt es viele ermutigende Beispiele. Unter anderem jene Unternehmer und Führungskräfte, deren Erfahrungen und Sichtweisen wir in diesem Buch zitieren.

Wirtschaft = Füreinander leisten

Der Begriff „für einander leisten“ stammt von Götz Werner, dem Gründer und Eigentümer der dm-Drogeriekette. Und er führt aus: „Die wirtschaftliche Leistung, die man erbringt, muss immer einen Wert für andere haben“ (Götz Werner, Füreinander leisten, S. 15). Dieses Zitat macht deutlich, dass Wirtschaft auf Arbeitsteilung beruht, indem einer etwas für den anderen beiträgt.

Arbeitsteilung zwischen den Menschen begann schon vor urdenklichen Zeiten in Form des Tauschhandels: Der Bauer hatte eine Kuh und tauschte diese beim Tischler gegen einen Kasten ein. Der Bauer konnte sich so auf die Viehzucht spezialisieren, der Tischler auf den Bau von Möbeln. Durch diese Arbeitsteilung konnte jeder der beiden kostengünstiger und mit höherer Qualität produzieren. Der Bauer hatte den Vorteil, einen schönen Kasten zu bekommen, der Tischler bekam gutes Fleisch.

So begann es, dass einer zum Vorteil des anderen produzierte.

Im Lauf der Jahrhunderte und Jahrtausende ist die Arbeitsteilung weit fortgeschritten, bis zu der heute erreichten hohen Spezialisierung. Man kann sagen: Eigentlich tut es jeder nur zu seinem eigenen Vorteil, jedoch objektiv betrachtet, beruht unser volkswirtschaftlicher Reichtum darauf, dass einer für den anderen etwas beiträgt.

Das ist eine andere Sichtweise über dieselbe Sache.

Und das kann Ausdruck von Liebe sein. Dazu nochmals Götz Werner: „Unternehmer kann man nur werden, wenn man es aus ganzem Herzen will … Zwar heißt es immer wieder, Liebe mache blind. Den Unternehmer aber macht Liebe *sehend*. Nur warmes Interesse an den Bedürfnissen der anderen Menschen kann ihm die Kraft geben, das anzugehen, was andere nicht angehen."[2]

Das Prinzip unserer modernen Wirtschaft ist richtig: Indem sich jeder immer mehr spezialisiert, arbeitet er immer weniger für die unmittelbaren eigenen Bedürfnisse, sondern immer mehr für die Bedürfnisse anderer. Wir tun zurzeit das Richtige, aber mit der falschen Motivation – und so ist das Ergebnis suboptimal.

Sobald wir unsere Aufgabe mit der Motivation erfüllen, für andere etwas zu leisten, handeln wir aus Liebe zu den Menschen heraus. Wir werden damit erfolgreich *und* persönlich zufrieden.

Man kann beobachten, dass in Unternehmen, in denen die Mitarbeiter wissen, dass sie einen unverwechselbaren Beitrag für andere, für die Kunden, für die Gesellschaft, ja für die Welt leisten, eine hohe Motivation und Begeisterung entsteht.

Wir brauchen in der Wirtschaft, genauso wie im Gesundheitswesen, in der Verwaltung, in der Erziehung, in der Politik, großartige Ergebnisse!

Dazu brauchen wir Organisationen und Teams, in denen die Menschen aufeinander zugehen, für gemeinsame Ziele arbeiten und Außerordentliches vollbringen.

Das ist die Form von Liebe, die wirtschaftlich erfolgreich macht.

Es entsteht ein System, zu dem Menschen gerne dazu gehören und sich von ganzem Herzen einbringen. Robert Dilts, der Pionier der 2. und 3. NLP-Generation, drückt es so aus: „Creating a world, to which people want to belong".

---

[2] Götz Werner, Füreinander leisten, S. 15

2 Die 7 Lebensebenen

1. Kapitel
Was sind die 7 Lebensebenen?

Liebe ist nichts, was geplant, verordnet oder eingefordert werden kann.

Liebe ist etwas, das in verschiedenen Formen aus sich selbst heraus wächst, wenn dafür förderliche innere und äußere Bedingungen erschaffen werden.

Wir können nur als *ganzer* Mensch lieben, es muss alles zusammen passen. Wir laden Sie ein, mit uns die 7 Lebensebenen zu durchwandern und jene Voraussetzungen zu finden, die ermöglichen, dass wir als erfolgreiche Menschen Liebe im alltäglichen Leben praktisch verwirklichen.

Das Modell der 7 Lebensebenen ist eine Weiterentwicklung des Konzeptes der 7 Handlungsebenen, das Hubert in einem Seminar von Wilfried Zaremba kennenlernte. Letzteres ist eine Erweiterung der 5-stufigen Bedürfnis-Pyramide von Abraham Maslow.

In jede der 7 Lebensebenen binden wir die 6 logischen Ebenen nach Robert Dilts ein (Umfeld, Verhalten, Fähigkeiten, Wert- und Glaubenssystem, Identität, Spiritualität).

Die Grundidee

Das Modell der 7 Lebensebenen ist eine Landkarte, die jene grundlegenden Lebensbereiche darstellt, in denen wir uns als Mensch verwirklichen können. Je vollständiger wir die 7 Lebensebenen entfalten, umso vollständiger leben wir unser Potenzial, umso erfolgreicher werden wir als ganzer Mensch sein.

Das Modell ist anwendbar auf Menschen, auf Teams und auf Unternehmen/ Organisationen.

Wenn das Fundament eines Hauses auf sicherem Grund gebaut ist, kann man das Erdgeschoss darauf errichten. Wenn das Erdgeschoss fertig ist, kann man darauf den ersten Stock bauen usw. bis zum Dach.

Der gleiche Gedanke liegt dem Modell der 7 Lebensebenen zugrunde: Die erste Ebene ist die Basis für die 2. Lebensebene, die 2. Lebensebene ist die Basis für die 3. Lebensebene usw.

Das Modell ist kein starres Schema, sondern ein Orientierungssystem, das uns dabei unterstützt, all die bunten Farben und Nuancen des Lebens zu realisieren. Es schafft Raum für Kreativität, Individualität und Verbundenheit mit anderen Menschen.

Anhand des Modells der 7 Lebensebenen werden wir zeigen, wie es möglich ist, Liebe (= 4. Lebensebene) in ihren verschiedenen Formen im praktischen Leben zu verwirklichen.

Die 7 Lebensebenen

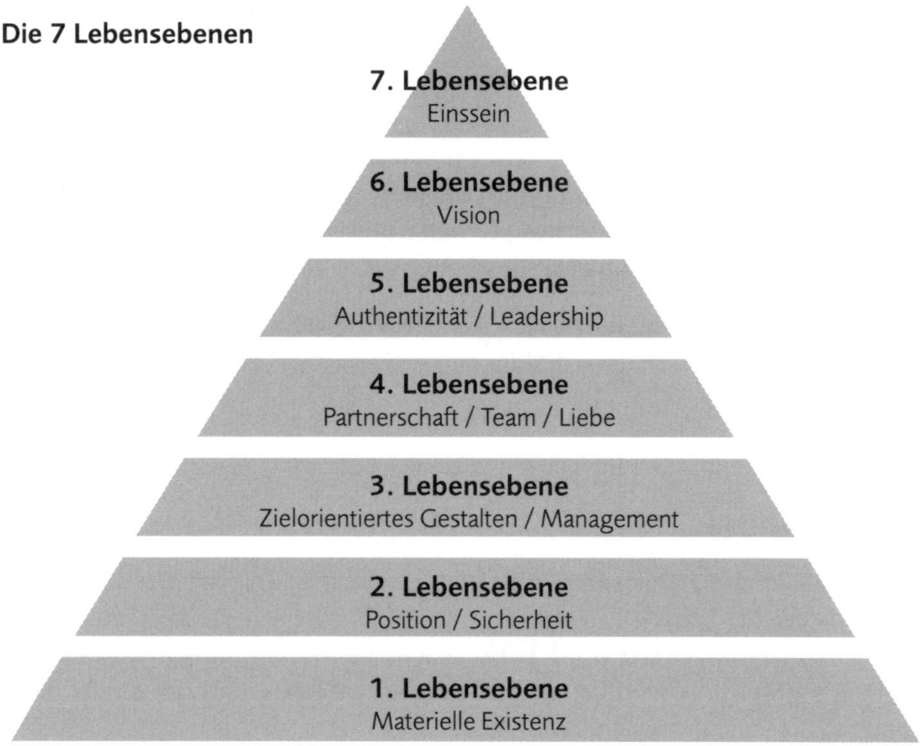

1. Lebensebene – Materielle Existenz Zuerst müssen wir es schaffen, ins Leben zu kommen, mit unserem Körper zu existieren und materiell zu überleben.

2. Lebensebene – Position/Sicherheit Dann können wir unseren Platz, unsere Position einnehmen, Beziehungen mit anderen aufbauen und unser Überleben auch für die Zukunft sichern.

3. Lebensebene – Zielorientiertes Gestalten/Management Sobald wir uns auf diese Weise eine stabile Basis geschaffen haben, gehen wir daran, unsere Umwelt bewusst und planvoll zu gestalten, damit alles nach unserer Absicht funktioniert.

4. Lebensebene – Partnerschaft/Team/Liebe Jeder Mensch – beruflich wie privat – hat das Verlangen nach dieser Beziehungsqualität tief in sich: Wir wollen mit anderen als Partner zusammenwirken, wir werden zu einem Team – dazu braucht es Wertschätzung, Achtung, Zusammenarbeit. Dies sind Ausdrucksformen von Liebe.

Die 4. Lebensebene ist die Ebene des Herzens.

5. Lebensebene – Authentizität/Leadership Partnerschaft und Teamarbeit verlangen nach authentischen Persönlichkeiten. Durch Authentizität entsteht unsere natürliche Autorität – das ist „echte“, nicht gespielte Führung.

6. Lebensebene – Vision Visionen sind jene Bilder, die uns begeistern und uns zeigen, was wir für das größere Ganze beitragen können. Visionen sind Bilder, die unser Leben leiten. Starke Visionen können andere Menschen begeistern und zu neuen Ufern führen.

7. Lebensebene – Einssein Menschen, die alles in sich integriert haben, erreichen schließlich die Spitze, die 7. Lebensebene. Hier sind wir mit allem verbunden.

Da die 7. Lebensebene bei vielen Menschen mit weltanschaulichen und religiösen Vorstellungen verbunden ist, verwenden wir dafür das neutrale Wort „Einssein". Damit bleiben wir offen für viele Weltanschauungen und Religionen.

Die 7 Lebensebenen in der Wirtschaftsgeschichte

Die 1. Lebensebene ist die Lebensebene der **Jäger und Sammler,** die von der Hand in den Mund lebten und sich das Überleben täglich von Neuem erjagen und ersammeln mussten.

Die 2. Lebensebene entspricht der **Agrargesellschaft:** Mit dem Land, das jemand besitzt, hat er seinen Platz eingenommen und abgegrenzt. Er lagert über den Winter Getreide. Das sichert sein Überleben, auch wenn es in der Natur nichts Essbares zu finden gibt. Außerdem kann er damit im Frühjahr wieder Saatgut aussäen und später neuerlich ernten. Das gibt ein beträchtliches Maß an Sicherheit.

Die 3. Lebensebene ist die Ebene der **Industriegesellschaft.** Der Unternehmer ist der „Macher", der Manager. Er plant eine ganze Fabrik und stellt sie tatsächlich auf die grüne Wiese samt Maschinen, Technologie, Personal und Organisation. Die Menschen sind ein Teil dieser Organisation und haben im Prinzip zu funktionieren wie die Maschinen.

Die 4. Lebensebene ist die Ebene der **Partnerschaft** und des **Teams.** Wenn die Organisationen komplexer werden, wenn es um die Dienstleistung für den Kunden geht, dann genügt es nicht mehr, dass die Mitarbeiter nach einem vorgegebenen Ablaufplan funktionieren. Vielmehr müssen die Mitarbeiter in ihrer Tätigkeit eine sinnvolle Aufgabe erkennen, für die es sich lohnt, aktiv mitzudenken und sich zu engagieren. Wertschätzung wird zum entscheidenden Motivationsfaktor.

Die meisten Unternehmen und auch die Weltwirtschaft als Ganzes sind im Wesentlichen auf der 3. Lebensebene angelangt. Viele funktionierende Technik- und Organisationssysteme wurden entwickelt und haben einen hohen Standard erreicht. Die Instrumente der 3. Lebensebene sind jedoch nur begrenzt geeignet, Menschen zu engagierter Mitarbeit zu motivieren.

Die große Herausforderung zum jetzigen Zeitpunkt besteht darin, dass Menschen, Teams, Unternehmen und Gesellschaft den Schritt auf die 4. Lebensebene vollziehen. Dies tun sie, indem sie ihre Aufgaben und Probleme mehr und mehr mit Wertschätzung, Partnerschaft und Liebe lösen.

Die 5. Lebensebene – **Authentizität** – wird von fähigen **Führungspersönlichkeiten** erreicht. Sie sind imstande, Menschen durch natürliche Autorität zu führen.

Die 6. Lebensebene – **Vision** – wird von besonders weit blickenden Führungspersönlichkeiten erreicht, die mit ihren Visionen anderen die Richtung aufzeigen.

Die 7. Lebensebene – **Einssein** – wird von einzelnen herausragenden Persönlichkeiten erreicht.

Hervorragende Unternehmer und Führungskräfte, die selbst schon die 5. oder 6. Lebensebene erreicht haben, haben bereits in ermutigender Weise wichtige Schritte zur Verwirklichung der 4. Lebensebene in ihren Organisationen gesetzt, so auch unsere Interviewpartner.

Es braucht partnerschaftliche Zusammenarbeit zwischen Führungskräften und Mitarbeitern, um das Unternehmen erfolgreich in die Zukunft zu führen. Ebenso erfolgsrelevant ist die Partnerschaft mit Kunden und Lieferanten.

Es braucht auch weltweit gegenseitige Achtung und partnerschaftliche Zusammenarbeit zwischen den Nationen und globalen Spielern, um die anstehenden globalen Probleme zu lösen.

Und besonders in Partnerschaftsbeziehungen bedarf es der Liebe und Wertschätzung, damit es glückliche Beziehungen und Familien gibt, damit auch Kinder in einem förderlichen Umfeld aufwachsen können.

Damit wir national, europaweit und global den Schritt auf die 4. Lebensebene schaffen, brauchen wir Führungspersönlichkeiten, die den Weg zeigen und ihn vorangehen.

Wir brauchen authentische Persönlichkeiten, die glaubhaft in ihrem Führungsverhalten sind (5. Lebensebene).

Wir brauchen Menschen mit Visionen, die andere begeistern und mitreißen (6. Lebensebene).

Und es braucht Menschen, die mit dem Ganzen verbunden sind und sich für das größere Ganze mit verantwortlich fühlen (7. Lebensebene).

Wechselwirkungen zwischen den Lebensebenen

Die 7 Lebensebenen wirken aufeinander ein: Nicht nur sind die unteren Ebenen Basis für die darüber liegenden Ebenen, sondern die oberen Ebenen üben einen Sog auf die darunter liegenden Ebenen aus.

Dies werden wir konkret in den folgenden Kapiteln ausführen.

2. Kapitel
Die materielle Existenz (1. Lebensebene)

Kraft zu überleben

Die erste Lebensebene ist das Fundament – sie ist die Basis dafür, dass wir mit diesem Körper auf dieser Welt überleben und leben können.

Nur wenn wir mit beiden Füßen auf der 1. Lebensebene stehen, können wir die höheren menschlichen Potenziale entwickeln, wie Technologie, Kultur, Partnerschaften, Visionen, Spiritualität usw.

Die 1. Lebensebene sorgt für unsere körperliche Kraft und Gesundheit. Sie versorgt uns mit einem gesunden Maß an Aggressivität, um in die Welt hinaus zu gehen.

Auf dieser Lebensebene geht es um Nahrung, Bekleidung und Obdach, die unserem Körper das Überleben ermöglichen.

Ich erlebe Fülle auf der 1. Lebensebene, wenn ich das Vertrauen habe, dass *ich* genug habe, um zu leben.

Die erste Lebensebene ist die Ego-Ebene.

Tatsache ist: Wir sind mit einem Körper in diese Welt geboren, wir müssen etwas dafür tun, diesen Körper in einem guten Zustand und am Leben zu erhalten.

Dazu hat uns die Natur Überlebensinstinkte mitgegeben: Das Reptiliengehirn (Stammhirn) hat über hunderttausende Jahre dafür gesorgt, dass unsere Vorfahren in der Wildnis mittels Kampf, Flucht und Totstellen überlebt haben. Das Reptiliengehirn regelt auch unseren Herzschlag, unsere Verdauung und viele andere lebenswichtige Körperfunktionen. Es sorgt dafür, dass wir Hunger bekommen und rechtzeitig Nahrung suchen.

Die Bezeichnung Reptiliengehirn für das Stammhirn kommt daher, dass bereits die Reptilien ein solches besitzen: Es sorgt z. B. mittels Jagdinstinkt dafür, dass das Krokodil angreift und nach der Beute schnappt; es aktiviert den Fluchtinstinkt beim Frosch, wenn der Storch naht usw. Wir Menschen haben diese Instinkte geerbt – sie sind das „Tier im Menschen“.

Überlebensinstinkte retten uns manchmal auch in der modernen Gesellschaft das Leben: Wenn ein Auto mit hoher Geschwindigkeit auf uns zubraust, bewirkt unser Fluchtinstinkt, dass wir in Sekundenbruchteilen zur Seite springen, ohne lange zu überlegen.

Wie instinktgesteuerte Reaktionen zum Hindernis werden

So hilfreich diese Urinstinkte in der Wildnis waren und auch wenn sie uns heute noch manchmal das Leben retten – in der modernen Zivilisation werden sie oft zum Problem: Kommt z. B. der gehasste Chef ins Büro, so mag das beim Mitarbeiter den Angriffsinstinkt auslösen. Dieser wird aber sofort blockiert, noch bevor es zum tätlichen Angriff kommt, denn der Mitarbeiter befürchtet negative Konsequenzen.

So bleibt der Mitarbeiter auf seiner Wut sitzen – was bleibt, sind Rachegelüste. Wenn er jedoch dem Chef und der Firma schaden kann, wird er das bei nächster Gelegenheit tun. Oder er wird seine Wut an Kollegen, Kunden oder Mitarbeitern abreagieren, was der Firma ebenfalls schadet.

Manche Mitarbeiter erstarren buchstäblich in ihrer „eingefrorenen" Wut und gehen in die innere Kündigung.

Auch Flucht oder Totstellen helfen in dieser Situation im Arbeitsleben nicht – sie würden als Arbeitsverweigerung oder Unfähigkeit ausgelegt.

Immer wieder bricht im Verhalten des heutigen Menschen die Aktivität des Reptiliengehirns durch, nach dem Motto: „Ich jage so viel, wie ich nur kann – wer weiß, ob es morgen noch etwas gibt." Und diese Einstellung kann man nicht nur bei armen Leuten beobachten, sondern auch bei sehr betuchten, wie z. B. jenem Bankdirektor, der zu illegalen Machenschaften griff, um seine Macht und seinen ohnehin beträchtlichen persönlichen Reichtum noch weiter zu vermehren.

Dieses Verhalten ist irrational, es entspricht nicht mehr den heutigen Gegebenheiten. Viele verwechseln den Weltmarkt mit den Jagdgründen aus jener längst vergangenen Zeit, als wir Menschen noch Jäger und Sammler waren.

Der Mensch kann mehr ...

Die gute Nachricht: Während das Krokodil mit seinem Reptiliengehirn keine anderen Reaktionsmöglichkeiten hat als zuzubeißen, besitzen wir Menschen andere Möglichkeiten, denn: Wir haben ein entwickeltes Großhirn, das wir wahlweise nutzen können!

Das Großhirn, das Organ unserer Intelligenz, unterscheidet uns von den Tieren (die kein oder ein nur gering entwickeltes Großhirn haben) und hat die bisherigen Errungenschaften der Menschheit erst möglich gemacht.

Ob in einer Situation der Thalamus als entscheidende Schaltstelle im Gehirn auf „Alarm" schaltet und damit die Mandelkerne und das Reptiliengehirn aktiviert, oder auf „Erst denken, dann handeln" und damit auf Großhirn schaltet, hängt von der Bedeutung ab, die wir der Situation geben.

Hat z. B. jemand in seinem Leben immer wieder Furcht erregende Erfahrungen mit Autoritätspersonen gemacht, so wird der Thalamus auf „Alarm" schalten, wenn der Chef hereinkommt. Folge: Alte Instinkte von Angriff, Verteidigung und Totstellen werden aktiviert, das Großhirn schaltet aus. Es kommt zu einem „Black-out-Zustand", der entweder zum unkontrollierten emotionalen Ausbruch oder zu völliger Lähmung führt. Dieser Mensch wird sich nachher, wenn er wieder zur Besinnung gekommen ist, fragen, warum er in dieser Situation so unbegreiflich reagiert hat.

Hat hingegen jemand einen liebevollen Vater gehabt und vielleicht einige wirklich fähige Chefs, so wird er dieser Situation eine ganz andere Bedeutung beimessen. Sein Thalamus wird auf „Erst denken, dann handeln" schalten und damit das Großhirn aktivieren. So ist dieser Mensch auch imstande, Botschaften des anderen wahrzunehmen, offen zu kommunizieren und mit Anerkennung und Kritik situationsgemäß umzugehen. Er ist im Vollbesitz seiner intelligenten und emotionalen Fähigkeiten, kann entsprechend der realen Situation handeln und wird die bestmöglichen Lösungen herbeiführen.

Wir können unsere Reaktion auf eine bestimmte Situation ändern, indem wir ihr eine andere Bedeutung geben. Wir haben die Wahl.

Kasten 1

Zur Gehirnphysiologie

Unser Gehirn wiegt ca. 1,4 kg, das sind weniger als 2% des Körpergewichts, aber es verbraucht 20% der Energie des Körpers. Es enthält Milliarden von Nervenzellen (Neuronen). Das Gehirn besteht aus drei miteinander verbundenen Schichten: Der innerste Bereich ist der **Hirnstamm,** ihn umgibt das **limbische System,** diese beiden Strukturebenen werden vom **Großhirn** (Cerebrum) umschlossen.

Das **limbische System** kontrolliert das emotionale Verhalten und ist an Motivations-, Emotions- und Gedächtnisprozessen beteiligt. Es besteht aus 3 Strukturen: Hippocampus, Amygdala und Hypothalamus.

Der **Hippocampus** ist die größte Struktur des limbischen Systems, er liegt rechts und links an der Innenseite des Schläfenlappens des Cortex (Großhirnrinde) und ist für das Lernen von neuen Sachverhalten wichtig, jedoch nicht für das Erlernen von neuen Tätigkeiten. Bei einer Schädigung des Hippocampus könnte man eine neue Fähigkeit erwerben, man könnte sich jedoch nicht daran erinnern. Der **Thalamus** leitet die eintreffenden sensorischen Informationen zur Verarbeitung zu den betreffenden Arealen des Cortex bzw. zur Amygdala. Die **Amygdala** (Mandelkerne) ist der Teil des limbischen Systems, der für die Kontrolle der Emotionen zuständig und an der Speicherung emotionaler Gedächtnisinhalte beteiligt ist.

Das **Großhirn** umfasst zwei Drittel der Hirnmasse. Es reguliert höhere kognitive und emotionale Funktionen. Die äußere Schicht davon wird cerebraler Cortex (Großhirnrinde) genannt. Der Cortex ist zuständig für das episodische Langzeitgedächtnis. Nach neueren Erkenntnissen*) spielt der Hippocampus einzelne Episoden, Daten, Fakten und Verknüpfungen dem Cortex während der Tiefschlafphasen immer wieder vor, bis sie gelernt sind.**)

*) Vgl. Spitzer: Nervensachen S. 199–202.
**) Vgl. Zimbardo, Psychologie. S. 84–90.

Wirtschaft als Existenzkampf

Mit den heute verfügbaren technologischen und organisatorischen Mitteln wäre es möglich, die existenziellen Bedürfnisse aller Menschen zu befriedigen.

Jedoch ist die liberale Marktwirtschaft weitgehend auf Überlebenskampf ausgerichtet.

Der dominante Glaubenssatz ist: „Wenn ich den anderen nicht besiege, dann verliere ich und dann ist meine Existenz in Gefahr". Wenn es dann z. B. Verluste an den Börsen gibt, schaltet der Thalamus bald auf Alarm, Panikverkäufe folgen, die Kurse fallen weiter usf. So konnten die „Salzburger Nachrichten" am 22. Jänner 2008 nach empfindlichen Kursstürzen der Börsen einen Leitartikel zutreffend übertiteln: „Wenn das Hirn steht, fallen die Kurse".

Im Unternehmen glaubt ein Mitarbeiter „Wenn der andere seinen Arbeitsplatz behält, verliere ich meinen" – er geht auf Angriff und mobbt den Kollegen.

Unser Wirtschaftssystem ist in weiten Bereichen, im Großen wie im Kleinen, von solchen psychischen Dynamiken gesteuert.

Inmitten des Überflusses entsteht das Gefühl von Mangel und Bedrohung. Die Menschen glauben, um ihr Überleben kämpfen zu müssen und das Reptiliengehirn übernimmt die Kontrolle.

Die Angst wird zur treibenden Kraft, Angst löst Stress im Körper aus und viele Menschen fallen ins Burn-out. Das Burn-out-Syndrom wird zur Massenerscheinung.

„Von Stress sind nach Schätzungen der Europäischen Agentur für Sicherheit und Gesundheitsschutz am Arbeitsplatz 40 Millionen Menschen in der Europäischen Union betroffen. Fehlzeiten und Krankheit kosten die Europäische Union nach eigenen Angaben jedes Jahr mindestens 20 Milliarden Euro – 50 bis 60 Prozent der Fehlzeiten werden mit Stress am Arbeitsplatz in Verbindung gebracht."[3]

„Das Geld regiert die Welt", „Jedem geht es nur um seinen eigenen Vorteil" – es gibt viele Aussprüche und Glaubenssätze dieser Art, die ausdrücken wollen, dass es jedem nur ums Materielle geht. Dass alles andere, wie Freundlichkeit, Höflichkeit usw. nur ein Mittel zu diesem materiellen Zweck ist.

Wer die Welt mit solchen Augen sieht, der wird eine persönliche Situation bald als bedrohlich erleben. Klar, dass unter diesen Umständen Wertschät-

3 Homepage der Europäischen Agentur für Sicherheit und Gesundheitsschutz am Arbeitsplatz, 17. 6. 2008.

zung oder Liebe keinen Platz haben. Manche werden vielleicht sagen, dass nur Illusionisten an Wertschätzung glauben.

Die Frage ist: Setzen sich nur die Ego-Typen durch, die sich auf Kosten anderer bereichern? Gehört die Zukunft den globalen Haien? Muss ich selbst zum Hai werden, um zu überleben?

Oder brauchen wir mehr und mehr Wertschätzung und Liebe, um in Zukunft erfolgreich und glücklich zu sein? Und: Kann ich als Individuum mit Wertschätzung nicht nur überleben, sondern vielmehr erfolgreich und glücklich leben?

Die 1. Lebensebene als gesunde Basis

Wir brauchen die 1. Lebensebene – unsere materielle Existenz – als tragfähige Basis, um die höheren Ebenen entwickeln zu können.

Wir brauchen das Vertrauen, damit wir überleben und gut leben können.

Wir brauchen einen gesunden Körper in einer gesunden Umwelt, damit wir leistungsfähig bleiben und uns wohlfühlen.

Nicht das Reptiliengehirn soll die Oberhand bekommen, sondern unsere intelligenten Gehirnteile sollen das Reptiliengehirn führen.

Wir können uns bewusst machen, dass es einen besseren Weg gibt als nur den Kampf ums Überleben.

Der Mensch, der sich nicht von Existenzangst, Zorn oder Habgier hinreißen lässt, behält einen klaren Kopf und ist frei in seinen Entscheidungen. Er ist frei, auf höheren Ebenen zu handeln.

- Er kann z. B. bewusst seinen guten Platz einnehmen (2. Lebensebene).
- Er kann Produktions- und Organisationstechnologien weiter entwickeln, mit weniger Aufwand mehr produzieren und damit die materiellen Bedürfnisse besser befriedigen (3. Lebensebene).
- Er kann offen kommunizieren und Partnerschaften eingehen, um anstehende Probleme zu lösen (4. + 5. Lebensebene).
- Er kann Visionen entwickeln und verwirklichen (6. Lebensebene).

Je mehr wir auch die höheren Ebenen zur Verfügung haben, umso leichter können wir umgekehrt unsere Bedürfnisse auf der Lebensebene der materiellen Existenz befriedigen und „ein gutes Leben" führen. Wenn die 1. Lebensebene in sich selbst und mit den anderen Lebensebenen im Gleichgewicht ist, dann läuft sie sozusagen automatisch mit. Es fällt gar nicht auf, dass es sie gibt, und sie beschäftigt niemanden.

3. Kapitel
Position/Sicherheit (2. Lebensebene)

Auf der 1. Lebensebene ist es um das körperliche Überleben gegangen. Sobald das Überleben gegeben ist, beschäftigen sich die Menschen damit, für morgen vorzusorgen: Sie bauen Beziehungen auf, sie markieren ihre Position, sie grenzen ihr Revier ab, sie legen Vorräte an – so sichern sie das Überleben auch für die Zukunft, ja noch mehr: Sie sorgen für ein *gutes* Leben vor.

Diese Vorsorge kann vielfältige Formen annehmen: In der Agrargesellschaft legten die Bauern Vorräte an. In der modernen Industriegesellschaft entwickelte sich das System der Sozialversicherung für den Fall der Krankheit, der Arbeitsunfähigkeit und des Alters. Gleichzeitig gibt es Systeme der privaten Vorsorge.

Auf der 2. Lebensebene sichern wir uns einen Platz im sozialen System – in der Familie, im Betrieb, im System der Sozialversicherung, in der Gesellschaft allgemein.

Der gute Platz im Familiensystem

Die ursprüngliche Form der Sicherheit ist die Einbindung in die Familie: Sie sorgt dafür, dass Kinder, die noch nicht arbeitsfähig sind, aufwachsen können. Sie sorgt für Alte und Kranke. Die Familie gibt auch Schutz vor äußeren Feinden.

Diese Zugehörigkeit zur Familie ist beim Menschen instinktmäßig tief verankert: Wir alle haben ein Gefühl dafür, ob wir zu einer Gemeinschaft dazu gehören oder nicht. „Ausgeschlossen werden" wird von den meisten Menschen als Strafe, als Verletzung und als Bedrohung empfunden. „Dazu gehören" erleben die meisten Menschen als Geborgenheit und Glück.

Mit der Methode der Familienaufstellung, die zuerst von Bert Hellinger verbreitet und dann von anderen wie Gunthard Weber, Franz Ruppert und Varga von Kibed weiter entwickelt wurde, können diese Dynamiken sichtbar gemacht werden.[4]

---

[4] Vgl. Gunthard Weber (Hsg.), Derselbe Wind lässt viele Drachen steigen. Systemische Lösungen im Einklang

Man kann sehen, wie stark Familiendynamiken wirken und wie tief diese Gefühle verankert sind: So suchen z. B. Kinder, die gleich nach der Geburt von den Eltern weggeben wurden und danach nie mehr Kontakt zu diesen hatten, ihr Leben lang ihre leiblichen Eltern – selbst dann, wenn sie von liebevollen Pflegeeltern aufgezogen werden.

Es zeigt sich, dass in einer Familie erst dann, wenn jeder seinen guten Platz hat (2. Lebensebene) – einschließlich verstorbener Familienmitglieder – die Liebe fließen kann (4. Lebensebene). Ist die „Ordnung" gestört, so ist dies eine permanente Konfliktquelle. Die Eltern wundern sich z. B., dass eines ihrer Kinder immer wieder Schwierigkeiten macht, obwohl sie sich sehr um dieses Kind bemühen.

Dieses instinkthafte Gefühl für Ordnung in der Familie ist auch in der modernen Industriegesellschaft vorhanden, obwohl die Familienbindung der äußeren Erscheinung nach geringer wird und die Zahl der Singles und Patchworkfamilien zunimmt. Je mehr die Familie fehlt, desto größer wird auf der anderen Seite die Sehnsucht danach.

Der gute Platz im Arbeitssystem

Es ist schon lange bekannt, dass Verhaltensweisen und Einstellungen, die man in der Familie beobachten kann, auch im Arbeitssystem – im Unternehmen, im Betrieb, in der Organisation, im Team, auf dem Markt – auftauchen und dessen Dynamiken wesentlich mitbestimmen.

So gingen bereits in den 90er Jahren des 20. Jahrhunderts Gunthardt Weber und Brigitte Gross daran, die Methode der Familienaufstellung in der Arbeit mit Teams anzuwenden[5]. Dabei fanden sie heraus, dass es im Team ähnliche Dynamiken gibt wie in der Familie. Allerdings mit einem wesentlichen Unterschied: Sobald man in das Familiensystem hineingeboren ist, gehört man für immer dazu, sogar über den Tod hinaus. Im Gegensatz dazu tritt man in das Arbeitssystem durch Abschluss des Arbeitsvertrages ein und mit dessen rechtmäßiger Beendigung wieder aus.

---

5 Vgl. Gunthard Weber und Brigitte Gross Organisationsaufstellungen. in: G. Weber (Hsg.), Praxis des Familienstellens, Heidelberg 1998, S. 405–420).

So lange die Spielregeln des Ein- und Austritts eingehalten werden, werden sie vom System als „in Ordnung“ gewertet. Werden die Regeln jedoch verletzt, so entsteht eine permanente, meist unbewusste Konfliktquelle.

Eine der wichtigsten Regeln lautet: Jedes Systemmitglied (= jeder Mitarbeiter) gehört dazu und niemand darf zu Unrecht ausgeschlossen werden. Somit hat z. B. Mobbing weit reichende Konsequenzen nicht nur für den Einzelnen, sondern für das gesamte Team/System. Häufig springen dann andere Teammitglieder unbewusst für den Ausgeschlossenen ein: Kaum ist ein „schwarzes Schaf“ entfernt, tritt schon das nächste auf.

Es geht im Arbeitssystem darum, dass jeder

- den Platz einnimmt, der ihm laut Organigramm zusteht, dass z. B. der formelle Vorgesetzte wirklich seine Vorgesetztenposition einnimmt,
- für die Dauer seiner Zugehörigkeit gewürdigt und
- für seine Leistung und seinen Beitrag für die Organisation anerkannt wird.

Somit hat jeder die Position, die ihm im Team und im Unternehmen zusteht, vom Portier bis zum Generaldirektor.

Erst wenn alle 3 Voraussetzungen gegeben sind, kann die Zusammenarbeit im Team bzw. im Unternehmen wirklich gelingen. Dann ist Frieden auf der 2. Lebensebene und das Unternehmen kann funktionieren (3. Lebensebene).

Die sozialen Systeme in Unternehmen sind häufig Organisationsveränderungen unterworfen. Mit jeder einschneidenden Veränderung wird das Gleichgewicht des Systems gestört. Das System muss erst wieder einen neuen Gleichgewichtszustand finden. Gezielte Teamentwicklungsmaßnahmen tragen dazu bei und ermöglichen, dass jeder seinen guten Platz findet.

Wenn der Mitarbeiter seinen Platz im Unternehmen hat und das Unternehmen erfolgreich ist, fühlt sich der Mitarbeiter nicht nur zugehörig – sondern er kann auch stolz sein, dazu zu gehören.

Fairer Austausch: Gewinn-Gewinn-Beziehungen

Eine weitere Bedingung für Gleichgewicht im System ist der Ausgleich von Geben und Nehmen.

Fairer Austausch ist dann gegeben, wenn beide Seiten einen Gewinn haben.

In der Beziehung zwischen Führungskraft und Mitarbeiter gibt die Führungskraft dem Mitarbeiter die Qualität guter Führung, sie gibt ihm Orientierung und auch Schutz nach außen. Der Mitarbeiter gibt seine Loyalität und sein Engagement. Das Unternehmen gibt dem Mitarbeiter Lohn, der Mitarbeiter gibt dem Unternehmen das Produkt seiner Arbeit.

Einer hoch qualifizierten Arbeit entspricht dabei ein höherer Gegenwert, als einer einfachen Arbeit.

Der Wert des Beitrages wird in einer offenen Unternehmenskultur auch offen besprochen. Josef Fegerl: „Offenheit muss da sein auf allen Ebenen. Das beginnt damit, dass an jedem Arbeitsplatz der Mitarbeiter wissen muss, was er für das Unternehmen geleistet hat ... Wertschätzung muss das Unternehmen dem Mitarbeiter gegenüber haben und gleichzeitig muss der Mitarbeiter sich selbst einschätzen können – was er für einen Wert für das Unternehmen hat."

Auch im Verkehr zwischen Kunden und Lieferanten ist der faire Austausch eine Voraussetzung dafür, dass sich auf Dauer eine Beziehung zum beidseitigen Gewinn entwickeln kann. Wenn z. B. der Kunde die größere Marktmacht hat und den Lieferanten auspresst, dann wird der Lieferant kaum bereit sein, mit dem Kunden vertrauensvoll bei der Entwicklung neuer Produkte zusammen zu arbeiten. Dies ist aber insbesondere in Branchen wichtig, in denen Innovation und Produktqualität eine große Rolle spielen.

Eine Kunden–Lieferantenbeziehung ist dann fair, wenn der Kunde dem Lieferanten einen Preis bezahlt, der dem Lieferanten ermöglicht, sich qualitativ und quantitativ weiter zu entwickeln, und der Lieferant im Gegenzug dafür Produkte in der vereinbarten Qualität und zum vereinbarten Zeitpunkt verlässlich liefert.

In privaten Partnerbeziehungen ist fairer Austausch ebenfalls ein Thema: Wenn einer mehr nimmt und der andere mehr gibt, entsteht ein Konfliktpotenzial. Wird dieses nicht gelöst, ist die Beziehung zum Scheitern verurteilt. Bemerkenswert ist, dass meistens jener Partner geht, der mehr genommen hat – sein Selbstwertgefühl hält das auf Dauer nicht aus.

Ob beruflich oder privat: Auf Dauer kann eine Partnerschaft nur dann bestehen, wenn Geben und Nehmen in einem ausgeglichenen Verhältnis sind.

Die einzige Ausnahme ist die Beziehung zwischen Eltern und Kind: Da geben gewöhnlich die Eltern mehr als das Kind. Der Ausgleich findet so statt, dass das Kind das, was es von den Eltern bekommen hat, später an die eigenen Kinder weiter gibt.

Ungerechtfertigtes Ausnützen der Position

Die Position, die jemand einnimmt, kann zum Hindernis werden, wenn der Inhaber nur seine Positionsmacht ausspielt, ohne dass er einen Beitrag für das System leistet. So sagte ein Vorgesetzter: „Wenn ich sage, es ist grün, dann ist es grün, und wenn es hundertmal rot ist!" Dies ist autoritär – patriarchalischer Führungsstil auf der 2. Ebene, ohne Rücksicht auf die Konsequenzen für die Menschen und für das Unternehmen. Der Vorgesetzte macht die Mitarbeiter zu „Leibeigenen".

Auf der anderen Seite verschanzen sich manchmal Mitarbeiter, die unkündbar oder schwer kündbar sind, hinter ihrer unangreifbaren Position, ohne eine nennenswerte Leistung zu bringen. Sie wehren sich erfolgreich gegen jede substanzielle Änderung und bringen das System zur Erstarrung.

Ein Unternehmen, das sich auf dem Markt behaupten muss, kann sich derartige Verhaltensweisen nicht lange leisten – es würde bald vom Markt verschwinden.

Eine besondere Erscheinung auf der 2. Lebensebene sind die „Seilschaften": Mehrere Personen schließen sich aus strategischen Überlegungen zusammen und unterstützen einander dabei, ihre Positionen abzusichern und neue Positionen zu erobern. Dabei geht es nicht darum, für andere einen Beitrag zu leisten – es geht einzig und allein um den eigenen Vorteil. Solche Seilschaften schließen sich nach außen ab. Es gibt keine offene Kommunikation. Interne Normen regeln, was erlaubt ist und was nicht. Bei der Wahl der Mittel ist man insgesamt nicht zimperlich.

Seilschaften unterscheiden sich grundsätzlich von Teams: Im Team geht es um die Verwirklichung von gemeinsamen übergeordneten Zielen und Visionen. Es gibt Kommunikation und gegenseitige Unterstützung im Inneren, aber auch offene Kommunikation nach außen.

Ein Team ist durch Partnerschaft gekennzeichnet, eine Seilschaft durch Zweckgemeinschaft.

Klare Beziehungen und Positionen im Unternehmen

Junge Führungskräfte, die früher selbst unter einem autoritär-patriarchalischen Vorgesetzten gelitten haben, neigen manchmal dazu, ins gegenteilige Extrem zu verfallen.

Der neu ernannte Abteilungsleiter in einer Verwaltungsorganisation hatte sich, als er noch Mitarbeiter war, fest vorgenommen, ein wirklich guter Vorgesetzter zu werden. Denn durch seinen vorherigen autoritär-patriarchalischen Vorgesetzten hatte er viele Verletzungen erlitten, die ihn zeitweise sehr demotiviert hatten.

Als es schließlich so weit war und er selbst Vorgesetzter wurde, wollte er es allen Mitarbeitern recht machen, er wurde zum „guten Kumpel". Er nahm seine Führungsposition nicht wirklich in aller Klarheit ein. So entstand ein Vakuum auf der 2. Lebensebene, das auch seine Mitarbeiter irritierte. Diese fingen an, zu tun, was sie wollten, das Chaos brach aus.

Bald drohte ihm die Situation über den Kopf zu wachsen. Was blieb ihm da noch übrig? Er erinnerte sich, wie es sein alter Vorgesetzter gemacht hatte, und tat nun das Gleiche: Er unterwarf sich einen Mitarbeiter nach dem anderen, indem er rücksichtslos und demonstrativ seine Positionsmacht ausspielte. Das Ergebnis: Ordnung, verbunden mit Friedhofsruhe.

Schließlich lernte dieser Abteilungsleiter in einem Führungskräftetraining das Prinzip „Fordern und fördern" kennen – das half ihm, seine Führungsposition klar und mit einer positiven Einstellung einzunehmen und dies seinen Mitarbeitern auch eindeutig mitzuteilen. Er wurde deswegen nicht zum Patriarchen, aber seine Mitarbeiter wussten nun, woran sie waren. Es tat ihnen gut, einen starken Vorgesetzten zu haben, die Abteilung ist heute in Ordnung.

Klare Beziehungen und Positionen sind eine gute Basis dafür, um auf die 3. Lebensebene zu gelangen, wo es um Ergebnisse geht, wo es darum geht, dass die Dinge funktionieren.

4. Kapitel
Zielorientiertes Gestalten/Management (3. Lebensebene)

Das Zeitalter der Industriegesellschaft

- Der „Self-made-man“, der die Fabrik auf die grüne Wiese stellt.
- Der Organisator, der Systeme “implementiert“.
- Der Börsenguru, der „Geld macht“.
- Der Manager, der die Dinge zum Laufen bringt.

Dies sind typische Vertreter der 3. Lebensebene.

Die Möglichkeiten scheinen unbegrenzt zu sein, man müsste nur wissen, was man will, und den entsprechenden Ehrgeiz aufbringen, um es auch zu verwirklichen.

Auf „angestammte Rechte und Positionen“ (2. Lebensebene) könne da keine Rücksicht genommen werden.

Die 3. Lebensebene ist die Lebensebene des industriellen Zeitalters: in den Köpfen der Menschen entstehen Projekte, kurze Zeit später sind sie schon Realität zum Anfassen.

Diese Lebensebene ist gekennzeichnet durch den Intellekt und das rational-analytische Denken der Menschen. Der Mensch hat erkannt, dass seine intellektuellen Fähigkeiten vieles möglich machen und zu Erfolg und Wohlstand führen. Zielgerichtetes Denken, klare Zielvorstellungen, Strategien zur Umsetzung dieser Ziele bringen raschen Fortschritt und Weiterentwicklung.

Dies ist die Lebensebene, auf der wir heute als Gesellschaft stehen. Die Fähigkeiten dieser Lebensebene sind sehr wichtig, machen sie doch möglich, dass wir Handlungsabläufe planen, reflektieren und verbessern können, neue Wissensgebiete und Technologien entwickeln können.

Der 3. Lebensebene verdanken wir unseren materiellen Wohlstand, den Standard der modernen Medizin, das Verkehrswesen usw. Ohne all diese Entwicklungen könnten wir als Autoren dieses Buch nicht in den Computer eintippen.

Der Machbarkeit scheinen keine Grenzen gesetzt zu sein. Der Macher setzt sich Ziele, plant die Schritte dorthin und erreicht viele seiner Ziele. Wenn er ein Ziel nicht erreicht, analysiert der Macher die Ursachen, korrigiert den Plan entsprechend und steuert von Neuem das Ziel an. Oder er setzt sich neue Ziele.

Es ist die Macht des Managers, der kalkuliert, organisiert, rationalisiert.

Auf dieser Lebensebene wirkt nicht der Visionär (das wäre 6. Lebensebene), sondern der Umsetzer. Er setzt bekannte Teile zusammen, bringt sie zum Funktionieren und verwirklicht dadurch Ziele. Das ist zweckrationales Denken.

Der zentrale Glaubenssatz auf dieser Lebensebene lautet: „Alles ist machbar, man braucht nur die geeigneten Instrumente dazu.“ Wenn man etwas noch nicht weiß oder noch nicht kann, dann ist es nur eine Frage der Zeit, bis man es weiß oder kann.

Nicht nur die Wirtschaft wächst exponentiell, auch das Wissen explodiert.

Unternehmen, Organisationen, Märkte, Strukturen verändern sich in atemberaubender Geschwindigkeit. Was gestern noch sicher schien, gibt es heute schon nicht mehr.

Angestammte Positionen (2. Lebensebene) werden einfach abgeschafft. Neue Positionen werden entsprechend den sachlichen Notwendigkeiten geschaffen. Die Position hat sich der Machbarkeit unterzuordnen.

Die Macht auf der 3. Lebensebene entspringt nicht der Position, die jemand inne hat, sondern resultiert aus der Fähigkeit, etwas zu managen. Sie ist Gestaltungsmacht und Veränderungsmacht (fachliches, technisches, organisatorisches Know-how).

Das rationale Kalkül des Neoliberalismus

Die neoliberale Wirtschaftstheorie, die in den letzten Jahrzehnten – bis zum Ausbruch der großen Finanzkrise – bestimmend war für die Wirtschaftspolitik der westlichen Staaten und Konzerne, geht von der Grundannahme aus, dass sich die Wirtschaft dann am besten entwickelt, wenn jeder in größtmöglichem Maß seinen Eigennutzen verfolgt, ohne dabei behindert zu werden. Dann kann der freie Markt optimal funktionieren und dessen Selbstregulierungskräfte sorgen wie von unsichtbarer Hand gesteuert (Adam Smith) dafür, dass die Wirtschaft weltweit funktioniert und wächst.

Im Konkurrenzkampf entscheidet der Markt darüber, wer der „Bessere" ist und gewinnt. Es geht also darum, sich im Sinne des Eigennutzens gegen den Konkurrenten auf dem Markt durchzusetzen.

Die Aufgabe des Staates besteht nach dieser Auffassung lediglich darin, die Rahmenbedingungen dafür zu schaffen, dass sich das freie Spiel der Kräfte auf dem Markt ungehindert entfalten kann.

Die freie Marktwirtschaft war und ist ohne Zweifel in vieler Hinsicht erfolgreich: Die Konkurrenz zwingt dazu,

- immer besser zu werden, immer neue Produkte anzubieten,
- die Arbeitsteilung voranzutreiben und die Arbeitsabläufe zu rationalisieren. Damit steigen Produktivität und Produktion.

In dieser Hinsicht war die freie Marktwirtschaft der kommunistischen Planwirtschaft weit überlegen, was schließlich zum Scheitern der Letzteren führte.

Wenn jemand für die Maximierung seines Gewinnes arbeitet, so wird dies gemäß der liberalen Wirtschaftstheorie als „rationales Verhalten" bezeichnet. Jeder, der nicht primär für seinen eigenen Nutzen, sondern für den Nutzen anderer arbeitet, handelt nach dieser Sichtweise also „irrational".

Wenn man dieser Ideologie folgt, ergibt sich daraus die Schlussfolgerung, dass der, der am konsequentesten seine Interessen durchsetzt, rational handelt und damit erfolgreich sein wird. Ja, es sieht so aus, als ob man Krieg führen müsse, um nicht zu unterliegen. So hofft man, den Gegner zu schlagen und selbst nicht geschlagen zu werden.

Vernunft oder Instinkt?

Das Gewinnstreben auf der 3. Lebensebene bedient sich rationaler Strategien und mündet letztlich in sein irrationales Gegenteil, den Überlebenskampf auf der 1. Ebene. Die Urinstinkte von Kampf, Flucht und Totstellen übernehmen fernab der Vernunft das Kommando.

Finanzunternehmen kreieren bizarre „Anlageprodukte", um noch mehr Gewinn zu erjagen – ohne das damit verbundene Risiko realistisch abzuschätzen. In Krisensituationen, z. B. bei fallenden Aktienkursen, fallen Menschen massenweise auf die 1. Lebensebene zurück und geraten in Panik. Das Großhirn wird ausgeschaltet bzw. eingeschränkt und damit die Fähigkeiten zum logisch- analytischen Denken und zur kreativen Problemlösung.

So kann das „rationale“, zielorientierte Denken und Handeln genau zu seinem Gegenteil führen, nämlich zum instinktgesteuerten Reagieren.

Die Verdinglichung des Menschen

Der Manager disponiert nicht nur Finanzen und Maschinen, sondern auch Menschen. Der Mensch wird zum Produktions- und Kostenfaktor. Nach den Kriterien der Kosten- und Ertragsrechnung funktioniert der Mensch dann optimal, wenn er sich wie eine Maschine in einen vorgeplanten Produktionsablauf einpasst: Er soll möglichst viele Stunden am Tag arbeiten. Er soll möglichst wenig Ausfälle haben. Und wenn es einmal einen Ausfall gibt, soll er kostengünstig und schnell zu reparieren sein. Wenn er nicht mehr das geplante Ergebnis bringt, soll er schnell zu entsorgen sein.

Der Mensch wird zum Rädchen im Getriebe, von seiner Arbeit und seinem Produkt entfremdet. Die menschliche Beziehung verliert ihren Eigenwert, sie ist nur mehr ein Mittel zum Zweck.

Die „rationale Arbeitsorganisation“ hat Auswirkungen auf den Menschen:

- Der Druck, in der gleichen Zeit immer mehr schaffen zu müssen, wird immer größer. Die Geschwindigkeit erhöht sich. In wirtschaftlich schwachen Zeiten treibt die Angst um den Arbeitsplatz den Menschen.
- Die Komplexität erhöht sich. Die Systeme verändern sich immer schneller und werden unüberschaubarer. Wir haben immer schnellere Computer, um komplexe Systeme zu verwalten. Diese machen aber das System nicht menschlicher. Es wird für viele sehr schwierig, mit den Veränderungen umzugehen.

Diese Umstände erzeugen Stress bei den Menschen.

Die Gefahr auf dieser Lebensebene ist die Entmenschlichung. Der Mensch wird als Objekt gesehen, nur seine Funktion zählt, er ist beliebig austauschbar und ersetzbar. Firmen, die so agieren, ähneln einer Roboterwelt, in der ein Mensch nur eine Nummer ist.

Seine Gefühle, Wünsche, Ängste, Sorgen, aber auch sein ehrliches Engagement, seine Verbundenheit mit seinem Tun und seiner Umwelt werden außer

Acht gelassen, manchmal sogar bewusst ignoriert. Der Mensch ist dem Irrtum erlegen, dass alles machbar, steuerbar, kontrollierbar und vorhersagbar ist.

Der Preis dafür ist, dass der Mensch, der in so einem System leben muss, lustlos, ausgebrannt und von seinen Gefühlen abgeschnitten wird.

Die Frage nach dem Sinn bleibt unbeantwortet.

In manchen Organisationen werden Begriffe verwendet, die eine menschenorientierte Unternehmenskultur signalisieren sollen, ohne dass diese jedoch einen realen Gehalt haben.

So wird häufig von „Teamarbeit“ gesprochen, ohne dass wirklich eine offene Kommunikation gewünscht ist, wie sie für erfolgreiche Teamarbeit unverzichtbar ist.

In anderen Fällen ist die Rede von „Zielvereinbarung“, obwohl es sich in Wirklichkeit um eine klare Anordnung, also um eine Vorgabe von Zielen handelt.

Derartige Worthülsen sind Bumerangs für das Unternehmen: Die Mitarbeiter wissen sehr genau, was wirklich gemeint ist. Sie fühlen sich nicht als Partner ernst genommen und empfinden es eher als zynisches Signal, das sie darin bestätigt, nur ein unbedeutendes Rädchen im Getriebe zu sein. Sie ziehen sich emotional und damit in ihrer Motivation zurück.

Es braucht den Menschen!

Die Gestaltungsmacht kommt da an ihre Grenzen, wo die Instrumentalisierung der zwischenmenschlichen Beziehungen beginnt, Probleme zu verursachen. Menschen, die nach rationalen Kriterien in einem Produktionsablauf funktionieren sollen, verweigern plötzlich ihre Kooperation. Es kommt zu Konflikten – man muss sich auf einmal mit dem Menschen auseinandersetzen. Gefühle kommen ins Spiel – da macht sich etwas „Irrationales“ bemerkbar.

Man erkennt, dass neue Technik nicht ohne das emotionale Einverständnis der Menschen machbar ist. Menschen wollen geachtet, mit einbezogen und für ihren Beitrag anerkannt werden.

Genau diese Situation verlangt nach Partnerschaft – nach der 4. Lebensebene.

In gleicher Weise können auch die globalen Probleme nur *mit* den Menschen gelöst werden. So ist es z. B. zur Lösung des Klimaproblems nötig, dass die Menschen ihre gegenseitigen Abhängigkeiten und Verbindungen erkennen, dass sie miteinander über nationale und ideologische Grenzen hinweg reden und aus dem **Bewusstsein der Verbundenheit** heraus konkrete **gemeinsame Handlungen** für die Umwelt setzen, auch wenn diese kurzfristig keinen unmittelbaren Gewinn für den Einzelnen bringen mögen.

Das Ende des Neoliberalismus

Die neoliberale Annahme, dass maximales Gewinnstreben das gesamte Wirtschaftssystem automatisch am effizientesten reguliert, ist mit der großen Finanzkrise in sich zusammengebrochen. Immer mehr Stimmen werden laut, dass die maßlose Gier wieder durch Augenmaß ersetzt werden müsse.

Der Staat soll für Ausgleich und Korrektur sorgen, wo der Markt versagt. Die Banken rufen nach der Hilfe des Staates, damit das Finanzsystem überleben kann. Barack Obama verspricht, unter seiner Präsidentschaft werde der Staat dafür sorgen, dass alle Amerikaner die gleichen Chancen auf medizinische Versorgung, auf Alterspension und auf beruflichen Aufstieg haben.

Der Markt wird als wichtiger Regulator der Wirtschaft gesehen, wenn auch nicht als einziger.

Man zitiert wieder den Wirtschaftswissenschaftler John Maynard Keynes (1883–1946), der angesichts der damaligen Weltwirtschaftskrise im Jahr 1936 das bahnbrechende Werk „The General Theory of Employment, Interest and Money“ veröffentlicht hatte, das die Intervention des Staates in die Wirtschaft forderte. Die Sichtweisen von Keynes waren nach dem 2. Weltkrieg u. a. Grundlage für die Systeme der „sozialen Marktwirtschaft“ in Deutschland und Österreich und den damit verbundenen Wirtschaftsaufschwung.

5. Kapitel
Liebe – Partnerschaft – Team (4. Lebensebene)

Liebe ist kraftvoll

Die 4. Lebensebene ist die Ebene des Herzens. Wo wir mit anderen in Kontakt und in Beziehung gehen. Wo wir einander als Partner begegnen. Wo es Freude macht, gemeinsam am gleichen Strang zu ziehen. Die 4. Lebensebene ist der Schritt vom Ich zum Du.

Auf der 4. Lebensebene finden wir die verschiedenen Ausdrucksformen der Liebe.

Es geht dabei keineswegs darum, mit jedem einen Kuschel-Kurs zu fahren (oder gar mit jeder Frau/jedem Mann gleich ins Bett zu gehen).

Liebe ist eine Grundeinstellung gegenüber Menschen, einfach deswegen, weil sie Menschen sind.

So kann es Ausdruck von Liebe sein, wenn ich mit einem Menschen auch dann noch fair umgehe, wenn er mir Schwierigkeiten macht. Liebe kann auch sein, wenn der Geschäftsführer den Mitarbeitern ehrlich mitteilt, dass die Firma in der Krise ist und schmerzhafte Einschnitte nötig sind. Liebe kann sein, dem anderen einfach zuzuhören. Es kann auch Ausdruck von Liebe sein, dem anderen Grenzen zu setzen, damit die Beziehung weiter leben kann. Liebe kann sein, dem anderen Anerkennung zu geben, wenn er etwas gut gemacht hat.

Liebe ist etwas ganz Realistisches, wo man mit beiden Beinen auf dem Boden steht.

Viele Redewendungen in unserer Sprache drücken das aus.

Wenn man früher von einem „beherzten Mann“ sprach, so meinte man jemanden, der sich mutig einer Herausforderung stellte, der für etwas geradesteht.

Wenn jemand offen auf andere Menschen zugeht, spricht man von einem „herzlichen Menschen“. Wenn jemand für die Anliegen anderer Menschen offen ist, sagt man, er habe ein „großes Herz“.

Auf der anderen Seite sei jemand „an gebrochenem Herzen gestorben", wenn er tiefe emotionale Verletzungen und Kränkungen erlitten hat.

Der moderne Ausdruck dafür ist „Herzinfarkt" – Menschen, die mit sich selbst schlecht umgehen und mit denen andere schlecht umgehen, neigen zu dieser Erkrankung. Beim Herzinfarkt stirbt ein Stück Gewebe im Herzen ab.

In einer alten Redewendung spricht man von einem „versteinerten Herz", wenn jemand für sich und andere kein Mitgefühl hat.

Wir erleben in unseren Beratungen und Seminaren immer wieder, wie groß die Sehnsucht der Menschen nach Liebe ist – die Sehnsucht danach, zu lieben und geliebt zu werden. Und wenn es darum geht, diese Sehnsucht praktisch zu leben – in der privaten Partnerschaft oder am Arbeitsplatz, dann beginnen die Herausforderungen, weil viele alte Gewohnheiten wieder einrasten.

Um die Liebe leben zu können, brauchen wir ein starkes Herz. Gleichzeitig brauchen wir exzellentes Know-how, damit wir wissen, wie man sich in konkreten Situationen verhalten kann, um liebevoll zu bleiben.

Wertschätzung – als ein Ausdruck von Liebe – ist eine freudvolle Kraft. Wolfgang Vlk: „Wertschätzung drückt sich für mich so aus, dass die Sache oder der Umgang mit der Sache oder mit den Kollegen Freude macht. Dass ich nach einer erledigten Arbeit oder nach einem Meeting Freude habe, zufrieden bin, das Gefühl habe, dass etwas weitergegangen ist. Das ist für mich die Wertschätzung."

Liebe und Wertschätzung zu üben, bedeutet keineswegs, dass man sein Durchsetzungsvermögen einbüßt. Dazu Hans Dokulil: „Durchsetzungsvermögen und Wertschätzung widersprechen sich überhaupt nicht. Ich habe ein gutes Durchsetzungsvermögen und ich bin hartnäckig – das bezieht sich auf die Sache. Der Rest ist Wertschätzung im Umgang mit den Mitarbeitern. Das funktioniert ganz wunderbar, das wollen sogar die Mitarbeiter."

Manche sehen Liebe als eine Schwäche an: Sie haben Angst abhängig zu werden, verletzt und enttäuscht zu werden. Liebe, die aus einem Mangel heraus kommt, ist schwach – sie ist keine Liebe, sondern die Erwartung, etwas zu bekommen.

Liebe braucht ein starkes Herz, das bereit ist zu geben und ebenso zu empfangen. Es gilt, die Kraft des Herzens in sich zu entdecken. Ein Mensch, der starke Ressourcen aufgebaut hat, kann wirklich geben.

Denn: Der Stimme des Herzens zu folgen heißt nicht, bloß jene Menschen zu lieben, die mir gerade sympathisch sind. Es bedeutet auch, das Herz für Menschen zu öffnen, die mir nicht zu Gesicht stehen, die vielleicht ekelhaft sind, ja, auch für solche, die Schlimmes tun.

Herzensbeziehung oder Leistungsbeziehung?

Christine Bauer – Jelinek unterscheidet in ihrem Buch „Die geheimen Spielregeln der Macht" zwischen „Leistungsbeziehung " und „Herzensbeziehung": In der Leistungsbeziehung geht es um das faktische Ergebnis, um die nüchternen Zahlen, die Menschen an sich sind egal. „Immer dort, wo es um Ziele und Ergebnisse geht, sind „Leistungsbeziehungen" gefragt ... Dies ist – so schlimm dies für manche klingen mag – absolut notwendig, wenn Ergebnisse unter Druck erzielt werden müssen und eine Organisation optimal funktionieren soll."[6]

In der Herzensbeziehung geht es um Sympathie und Liebe, und darum, gerne zusammen zu sein. Christine Bauer- Jelinek charakterisiert das so: „Sie wollen am Arbeitsplatz auch als Person wahrgenommen werden, streben nach Anerkennung und Aufmerksamkeit, erwarten Offenheit und Ehrlichkeit. Sie wollen von ihren Vorgesetzen und Kollegen geliebt werden."[7]

Tatsächlich besteht im realen Leben für viele Menschen eine tiefe Kluft zwischen Leistungsbeziehung und Herzensbeziehung.

Hubert: „Ich stelle in manchen der von mir geleiteten Seminare den Teilnehmern folgende Aufgabe: Notieren Sie auf einem Blatt Papier auf der linken Hälfte alles, was Ihnen Energie schenkt und auf der rechten Hälfte alles, was Ihnen Energie raubt. Das Ergebnis: Selbst Menschen, die ihren Beruf positiv sehen, kommen bei dieser Bestandsaufnahme zu dem Ergebnis, dass sie ihre Kraft aus dem Privatleben beziehen, um sie dann im Beruf zu verbrauchen."

Dies spiegelt genau die Hoffnung wieder, im Privatleben die ersehnte Herzensbeziehung zu finden, die vielen im Berufsleben versagt bleibt, und daraus Kraft zu schöpfen.

Jedoch: Dass die „heile" Familie einen Ausgleich für die Kräfte raubende Arbeit bietet, erweist sich als Illusion: Lt. Angaben von Statistik Austria er-

[6] Christine Bauer-Jelinek, Die geheimen Spielregeln der Macht, S. 21
[7] A.a.O. S. 23

reichte die Anzahl der Scheidungen in Österreich im Jahr 2006 einen neuen Rekord – 46,4% aller Ehen werden geschieden, in Wien sogar 65,9%[8].

Wenn es im Beruf nur um Leistungsbeziehungen geht, wie soll denn ein Mensch seine beste Leistung geben, wenn er nicht mit dem Herzen bei der Arbeit ist? Wenn er nicht mit den anderen gerne zusammenarbeitet? Wenn er sich nicht wertgeschätzt fühlt?

Herta Rath, die selbst Ärztin ist, antwortet auf die Frage, was Nicht-Wertschätzung bei den Menschen auslöst: „Es macht die Leute krank – ganz einfach".

Positiv gesehen, besteht zwischen Wertschätzung und Erfolg ein direkter Zusammenhang.

Claus Repnik: „Wertschätzung ist die Basis für den Erfolg: Wenn meine Mitarbeiter in der Früh gerne in das Unternehmen hereinkommen, dann sind 50% der Arbeit schon getan und 50% der Probleme sind schon gelöst."

Eng mit Wertschätzung verbunden ist für Claus Repnik Vertrauen: „Wichtig ist, dass man darauf vertraut, dass Mitarbeiter in der Lage sind, sich weitestgehend selbst zu steuern."

Peter Mitterbauer: „Es ist unbeschreiblich viel Wissen vorhanden im Unternehmen, in den Köpfen der Leute. Wie lade ich die Leute ein, sich hier einzubringen? Das hängt alles mit Wertschätzung zusammen."

Diese Aussagen belegen deutlich, dass es möglich ist, einen positiven Zusammenhang zwischen Wertschätzung und Leistung herzustellen. Menschen bringen dann Leistung, wenn sie sich als Individuen gesehen und in ihrem Beitrag anerkannt fühlen.

Wertschätzung ist nicht Naivität

Wertschätzung und Liebe sind in der Regel mit angenehmen Gefühlen verbunden. Es geht aber nicht darum, unter allen Umständen immer nette Worte zu sagen.

---

8 Statistik Austria, Indikatoren zu Eheschließungen und Ehescheidungen

Wenn Sie wertschätzende Beziehungen pflegen, setzen Sie gleichzeitig Ihre Klugheit ein! Nutzen Sie alle Erfahrungen, die Sie bisher in Ihrem Leben gemacht haben, und all Ihre professionelle Kompetenz!

Es geht dabei nicht darum, „vor Liebe hinzuschmelzen" – das wäre so etwas wie naive Verliebtheit.

Wertschätzung kann darin bestehen, dass man die fachliche Kompetenz des anderen anerkennt. Zwei Kollegen in einem großen Metall verarbeitenden Betrieb schätzten einander sehr – gleichzeitig hatten sie in fachlichen Belangen immer wieder hitzige Diskussionen. Oft sah es so aus, als hätten die beiden einen ernsthaften Konflikt. Doch aufgrund ihrer gegenseitigen Wertschätzung kamen sie am Schluss jeder Diskussion immer wieder zu einem gemeinsamen Ergebnis. In der Sache waren sie hart, aber sie konnten gut zusammen arbeiten. Sie hatten in Wirklichkeit eine herzliche Beziehung, auch wenn sie nach außen eine raue Schale zeigten.

Nicht jeder Mensch, der einem begegnet, ist zu einer Herzensbeziehung bereit. Um eine solche aufzubauen, braucht es Zeit, damit Vertrauen entstehen kann. Oft ist der erste Schritt, mit dem anderen klare Spielregeln zu vereinbaren und diese auch schriftlich zu dokumentieren (2. Lebensebene). Dann geht es – ebenfalls auf der 2. Lebensebene – um den fairen Austausch. Partnerschaft und Teamgeist können nie in einer ungleichen Beziehung entstehen – wenn z. B. der eine mehr nimmt und der andere mehr gibt, oder wenn der eine zum Täter und der andere zum Opfer wird.

Wenn Spielregeln eingehalten werden und fairer Austausch stattfindet, dann können gemeinsame Projekte organisatorisch und technisch funktionieren (3. Lebensebene).

Auf dieser Basis von 2. und 3. Lebensebene entstehen Vertrauen, Partnerschaft und Wertschätzung (4. Lebensebene). Die Zusammenarbeit wird zur Teamarbeit, gegenseitige Unterstützung wird zur Gewohnheit, das Team wird zum Powerteam, in dem alle gerne zusammenarbeiten. Herzensbeziehung und Leistungsbeziehung vereinigen sich.

Bei diesem Entwicklungsprozess stellt sich im Laufe der Zeit heraus, dass die meisten Menschen gerne auf Augenhöhe und mit Wertschätzung zusammenarbeiten, sobald sie die Möglichkeit dazu sehen. Bei einigen allerdings kann es sich erweisen, dass sie zu einer ehrlichen Partnerschaft nicht bereit sind. Halten Sie die Augen offen und vermeiden Sie, „ins offene Messer" zu laufen. Insofern ist die Empfehlung von Christine Bauer-Jelinek, zwischen Herzens- und Leistungsbeziehung zu unterscheiden, angebracht.

Herzensbeziehungen erhöhen Produktivität und Lebensqualität am Arbeitsplatz und im Privatleben, aber es besteht keine Pflicht, mit *jedem* Menschen eine Herzensbeziehung zu haben. Wenn es trotz aller Bemühungen nicht gelingt, mit dem anderen eine wertschätzende Beziehung aufzubauen, dann haben Sie die Wahl, sich andere Beziehungen zu suchen.

Wir haben nicht in jedem einzelnen Fall und zu jedem Zeitpunkt die Wahlfreiheit, mit wem wir in Beziehung treten. Mittelfristig jedoch bauen wir uns im Laufe der Jahre ein Beziehungsgeflecht auf, das unserem inneren Bild von Beziehung entspricht. Wenn jemand glaubt, dass alle Menschen ihn betrügen wollen, wird er immer wieder Menschen treffen, die ihn hintergehen. Wenn jemand anderer glaubt, dass die meisten Menschen grundsätzlich kooperativ sind, dann wird er auf viele Menschen treffen, mit denen er gut zusammenarbeitet.

Wir ziehen die Menschen an, die unseren Vorstellungen und Werten entsprechen.

Franz Peneder: „Ob es sich um Mitarbeiter, Berater oder Lieferanten handelt: Letztlich haben wir immer wieder die Leute, die zu uns passen."

Das gilt auch für Kunden als Partner: „Manchmal erleben wir welche, die mit unfairen Mitteln arbeiten, wo wir uns in eine Falle locken ließen. Dann machen wir halt für die ein zweites Mal nichts mehr. Auf Dauer sprechen die Menschen auf der Kundenseite immer auf das an, was Du ausstrahlst. Wir haben zwar Produkte und wir verpacken unsere Produkte auch in Dienstleistungen, aber hinter all dem, was wir tun, steht die Beziehung zum Kunden im Vordergrund. Und da kann die Wertschätzung sehr wohl leben – ich werde so manche nicht kriegen und andere werde ich kriegen. So haben wir immer genug Kunden, mit denen wir zusammenpassen."

Ähnliches gilt auch in der privaten Beziehung: Liebe zeigt sich erst wirklich, wenn man über die erste Verliebtheit hinaus ist, wenn beide einander unter den Herausforderungen des Alltags kennengelernt haben. Wenn die Bereitschaft da ist, auch gemeinsam durch Krisen hindurch zu gehen und daran zu wachsen. Da gehören klare Spielregeln vereinbart, es muss ein gegenseitiges Geben und Nehmen sein. Es braucht Gespräche, wie die Dinge funktionieren können.

Wenn man sich dieser Auseinandersetzung stellt, kann die Liebe wachsen. Beide Partner werden erwachsen, dann zeigt sich eine reife Liebe als Kraft und menschliche Größe.

Liebe heißt auch, Verantwortung zumuten

Liebevoller Umgang mit einem erwachsenen Menschen bedeutet, dem anderen in Augenhöhe als Partner zu begegnen. Das bedeutet, dass ich dem anderen zutraue, in seinem Kompetenzbereich Verantwortung zu übernehmen und hervorragende Ergebnisse zustande zu bringen. Würde ich dem anderen das nicht zutrauen, so würde ich ihn wie ein unmündiges Kind behandeln.

Menschen wollen gefordert werden, sie wollen eine Aufgabe haben und einen Beitrag leisten, auf den sie stolz sein können.

Erst wenn ich dem anderen Verantwortung für die Ergebnisse seines Handelns zumute, achte ich ihn als vollwertigen Menschen und seine Leistungen bekommen Wert.

Gestaltungsfreiheit, Wertschätzung, Vertrauen und Verantwortung sind eng miteinander verbunden. Wolfgang Vlk: „ Die Mitarbeiter haben bei mir sehr viele Freiheiten, müssen das dann aber verantworten können. Letztendlich stehe ich als Chef bei meinem Vorgesetzten, aber wenn man da ein gewisses **Vertrauen** (Betonung durch Wolfganng Vlk) aufgebaut hat, dann funktioniert das. ... Ich gebe den Kollegen und Kolleginnen so viele Freiheiten, was immer sie wollen oder für sinnvoll erachten, auszuprobieren, zu diskutieren. Das ist eigentlich die Grundmotivation und die Grundeinstellung, mit der ich an die Sache herangehe."

Wertschätzung schließt auch ein, dass jeder der Partner Kritik offen äußert. Wenn dies in wertschätzender Weise geschieht, kann daraus ein sehr konstruktives Gespräch entstehen, aus dem sich ganz neue Lösungsansätze ergeben.

Wenn eine grundlegende Wertschätzung und Achtung für den Menschen als Mensch da ist, dann entsteht ein Grundvertrauen, auf dem konstruktive Kritik möglich ist. Der Mensch weiß dann, dass nicht nur seine Arbeit als Produktionsfaktor für das Unternehmen wertvoll ist, sondern dass er als Individuum Wert hat.

Ist Liebe ein Tabu-Thema in der Wirtschaft?

Hubert: „Neulich bestellte ich in der Buchhandlung das Buch von Erich J. Lejeune ‚Lebe ehrlich, werde reich!' Als ich der Verkäuferin den Titel nannte, sagte sie wie aus der Pistole geschossen: ‚Beides wird wohl nicht möglich sein!'"

Die Ansicht, dass man nur mit unethischen Mitteln erfolgreich sein kann, ist weit verbreitet.

Wenn man von Liebe im Zusammenhang mit der Wirtschaft spricht, dann wird man von manchen belächelt: In der Wirtschaft gehe es doch nur um den maximalen Gewinn, um den Eigennutzen!

Liebe: im Privatleben ja, aber nicht in der Wirtschaft!

So ist „Liebe" für viele zu einem Tabu-Thema in der Wirtschaft geworden,

Vielleicht besteht der *erste* Grund darin: Wenn man über Liebe in der Wirtschaft spricht, denken manche zuerst an die erotische Beziehung zwischen Chef und Sekretärin. Darüber gibt es ja unzählige Witze. Oft handelt es sich dabei jedoch keineswegs um Liebe, sondern um das Ausnützen von Abhängigkeiten.

Der *zweite* Grund: Wenn man Liebe als Nächstenliebe sieht, so verbinden viele damit Aufopferung und Selbstverleugnung. Liebe wurde über zwei Jahrtausende in Gegensatz zum Geld, zum „schnöden Mammon" gestellt – so wurden Liebe und wirtschaftlicher Erfolg als unverträglich miteinander gesehen.

Lesen Sie doch in der Bibel nach – da steht geschrieben: Du sollst deinen Nächsten lieben *wie dich selbst*.

Das entspricht den Erkenntnissen der modernen Psychologie, dass wir genau dann mit anderen gut umgehen, wenn wir mit uns selbst gut umgehen. Wenn wir also eine florierende Wirtschaft haben wollen, in der wir gut miteinander umgehen, dann müssen wir uns selbst *und* die anderen lieben.

Der *dritte* und wahrscheinlich tiefste Grund: Alle Menschen haben eine tiefe Sehnsucht, geliebt zu werden und andere zu lieben. Die erste Liebesbeziehung jedes Menschen ist die zu Mutter und Vater. Und da gibt es bei vielen von uns Verletzungen aus der Vergangenheit, die sich später in unseren privaten und beruflichen Beziehungen reproduzieren.

Das, wonach wir die größte Sehnsucht haben und wo wir am verletzlichsten sind, das wird zum Tabu-Thema. Unbewusst leben wir in der Angst, jemand könnte diese „Schwäche“ entdecken und uns neuerlich verletzen, vielleicht sogar vernichten. Dies versuchen wir dadurch zu kompensieren, dass wir jetzt als die besonders coolen Macher auftreten, die unverletzlich sind, weil sie sich von keinen Gefühlsregungen beeindrucken lassen.

Um Zugang zu unserer persönlichen Kraft zu gewinnen und damit zu tatkräftiger Liebe fähig zu werden, ist es für die meisten von uns nötig, dass wir durch die Gefühle unserer Verletztheit durchgehen, sie aufarbeiten und integrieren. Dann brauchen wir nichts mehr verdecken, wir können uns selbst lieben und wir können die anderen lieben. Damit werden wir fähig, im täglichen Leben Wertschätzung, Achtung, Liebe zu leben, ohne dass wir dabei ausbrennen.

Was ist Kooperation?

Mit Kooperation ist das Zusammenwirken von zwei oder mehreren Menschen, Gruppen, Firmen, Unternehmen, Organisationen, Ländern, Staaten, Systemen im Allgemeinen gemeint.

Jedes Unternehmen, jeder Betrieb jedes Projekt braucht Kooperation, da es um Ziele geht, die nur im Zusammenwirken von mehreren im Team und in der Organisation erreicht werden können. Das Ergebnis soll ein Ganzes sein, das „mehr ist als die Summe seiner Teile“.

Lange Zeit wurde versucht, Kooperation zu erzwingen, z. B. durch genaue Vorgabe von Arbeitsabläufen und Taktzeiten in der Industrie. Der Nachteil des Zwanges ist, dass der Mitarbeiter sich nicht mit dem Produkt identifiziert und versucht, das System der Kontrolle zu überlisten, wo es nur geht.

Heute weiß man gerade in erfolgreichen Industriebetrieben, dass hohe Qualität nur dann erreichbar ist, wenn der Mitarbeiter sich mit dem Produkt und dessen Qualität identifiziert.

Das heißt im Klartext: Kooperation, wie sie ein erfolgreiches Unternehmen braucht, ist nicht erzwingbar. Kooperation im heutigen Sinne des Wortes ist immer freiwillig.

Freiwillige Kooperation bedeutet, dass der Mitarbeiter einen Sinn in seiner Aufgabe sieht. Und das heißt höhere Lebensqualität am Arbeitsplatz.

Kooperation erfordert von den Menschen die Fähigkeit,

- im Team mit anderen zusammen zu arbeiten,
- mit anderen zu kommunizieren
  und
- mit anderen wertschätzend umzugehen.

Es braucht also Menschen, die sich auf der 4. Lebensebene befinden oder zumindest bereit sind, sich auf die 4. Lebensebene führen zu lassen.

Wie entsteht Kooperation? Viele Führungskräfte fragen sich: Wie bringe ich meine Mitarbeiter dazu, dass sie kooperativ sind?

Die Antwort lautet, dass es weniger darum geht, jemanden zur Kooperation zu bringen, sondern vielmehr darum, das natürliche Bedürfnis der Menschen nach Kooperation anzusprechen.

Hubert: „Als Trainer war ich beauftragt, ein Workshop für eine Gruppe zu moderieren, die sich in einem völlig blockierten Zustand befand: Der Leiter der Gruppe und sein Stellvertreter waren einander bitterböse, hatten schon wochenlang nicht mehr miteinander gesprochen. Der Konflikt setzte sich bei den Mitarbeitern fort und spaltete buchstäblich die Gruppe in zwei Teile.

Die ersten Stunden des Workshops waren zähe und mühsame Arbeit. Niemand wollte wirklich reden, was Sache ist. Insbesondere verweigerten der Leiter und sein Stellvertreter einander den Dialog.

Dann – am frühen Nachmittag des ersten Tages – sagte der Leiter vor der Gruppe zum Stellvertreter: „Du Franz (sie waren per Du miteinander), machen wir uns einen Termin aus, und reden wir alles miteinander aus." Es war mucksmäuschenstill im Raum, man konnte die Spannung körperlich spüren. Nach einer Zeitspanne, die unendlich lang zu sein schien, sagte der Stellvertreter: „Nein!" Man konnte sehen, wie alle anwesenden Mitarbeiter vor Enttäuschung schlagartig ein langes Gesicht bekamen.

Der Workshop schleppte sich dahin. Bis dann am 2. Tag am Vormittag der Stellvertreter zum Leiter sagte: „Peter, ich habe es mir überlegt – ich schlage vor, dass wir uns einen Termin zur Aussprache ausmachen." Wieder hielten alle Anwesenden erwartungsvoll den Atem an. Nach einer kurzen Pause antwortete der Leiter: „Ok Franz, machen wir uns einen Termin aus!"

Die Gruppe klatschte Beifall, alle waren begeistert!"

Wir erleben immer wieder, dass selbst in schweren Konflikten die Menschen sehr froh sind, wenn sie schließlich doch einen Weg zur Zusammenarbeit finden.

Jeder trägt in sich die Sehnsucht, mit anderen zu kooperieren und hat auch das Potenzial dazu, es zu tun.

Kasten 2

Kooperation

Fehr und Rockenbach untersuchten in einer Studie*) die Auswirkung von Sanktionen und den Ausprägungsgrad von kooperativem Verhalten.

In diesem Versuch geht es um Investitionen. Die beiden Spieler bekommen zu Beginn des Spiels je 10 Euro geschenkt, die sie im Spiel einsetzen können, aber nicht müssen. Der Investor selbst entscheidet, wie viel er von seinen 10 Euro investiert, d. h. dem 2. Spieler, der in der Rolle des Vertrauensmannes ist, gibt. Die Geldsumme, die er dem Vertrauensmann gibt, wird vom Spielleiter verdreifacht. Nun sagt der Investor, wie viel Geld er vom Vertrauensmann zurückerwartet. So erhält der Vertrauensmann z. B. bei einer Investition von 10 Euro in Wirklichkeit 30 Euro. Der Investor kann sich eine Summe zwischen 0 und 30 zurückerwarten. Am Ende bestimmt der Vertrauensmann, wie viel er dem Investor tatsächlich zurückzahlt.

Bei diesem Spiel lohnt sich Kooperation. Wenn der Investor die gesamten 10 Euro investiert, und sagt, dass er 20 Euro zurückerhalten möchte, gewinnt der ehrliche Vertrauensmann 10 Euro und 10 Euro hat er zu Beginn des Spiels selbst erhalten, d. h. am Ende haben beide 20 Euro. Wenn der Vertrauensmann allerdings den Investor betrügt und nichts zurück bezahlt, geht er mit 40 Euro nach Hause. Durch diese Möglichkeiten ist der Investor bei seiner Entscheidung im Dilemma – soll ich dem Vertrauensmann trauen oder nicht? Der Vertrauensmann unterliegt der Versuchung sich zu bereichern und diese Möglichkeit bringt den Investor in Versuchung, nicht zu investieren. Kooperation jedoch zahlt sich für beide aus. Es erfordert aber eine gesunde win/win –Einstellung.

Die Studie hat gezeigt, dass Testpersonen in einem erstaunlich hohen Ausmaß kooperieren.

Das Experiment brachte ein weiteres interessantes Ergebnis: Als der Investor die Möglichkeit erhielt, den Vertrauensmann zu bestrafen und dies auch tat, *verminderte* sich die Kooperationsbereitschaft der Vertrauensleute und damit der Rückfluss für den Investor. Der höchste Rückfluss wurde erzielt, wenn die Investoren die Möglichkeit hatten, zu bestrafen, dies aber nicht taten.

*) Zit. nach Spitzer, Nervenkitzel, S. 157 f.

Die neuere Gehirnforschung hat sich mit der Frage beschäftigt, ob der Mensch grundsätzlich nur auf seinen eigenen Vorteil bedacht ist oder eher kooperativ handelt. Prof. Spitzer zufolge[9] verhalten sich Menschen kooperativ. Er sagt, dass unser Zusammenleben auf Vertrauensvorschüssen aufbaut – ganz im Gegensatz zur landläufigen Meinung, dass jeder nur für seinen eigenen Vorteil arbeite. Die meisten Menschen hält er für ehrlich und friedlich.

Er untermauert seine Aussagen mit den Ergebnissen der Studie von Fehr und Rockenbach, in der es um die Auswirkungen von Sanktionen und den Ausprägungsgrad von kooperativem Verhalten geht. (Siehe Kasten 2). Die Ergebnisse der Studie zeigen, dass Menschen sich überraschend kooperativ verhalten. Wenn der Investor eine Strafe verhängt, ist das Ergebnis für ihn schlechter, als wenn er darauf verzichtet.

Der Mensch ist seinem Wesen nach kooperativ. Sobald Sicherheit und Vertrauen entstehen, kann dieses Potenzial zur Kooperation sich zeigen.

Wenn wir die Ereignisse in der heutigen Welt betrachten, dann sehen wir jedoch viele Verhaltensweisen, die alles andere als kooperativ sind. Wie kann dann jemand sagen, der Mensch sei seinem Wesen nach kooperativ?

Das Baby, das auf die Welt kommt, ist spontan kooperativ, indem es die Brust der Mutter sucht. Es vertraut vollständig darauf, dass die Mutter ebenfalls kooperativ ist und ihm Nahrung spendet.

Wenn das Kind größer wird, übernimmt es die Werte der Eltern und will bereits einen Beitrag für das Wohl der Familie leisten – natürlich aus kindlicher Sicht.

So ist für den 4-jährigen Franzi der Papa ein großes Vorbild. Dieser schimpft oft, wenn er vom Büro nach Hause kommt, über seinen Chef. Dabei verwendet er auch raue Schimpfwörter. Franzi hört natürlich aufmerksam zu.

Eines Tages lädt Franzis Vater, „weil es sich so gehört“, seinen Chef zum Abendessen zu sich nach Hause ein. Franzis Mutter ist schon ganz aufgeregt, sie kocht groß auf, holt das wertvollste Geschirr aus der Vitrine und poliert es auf Hochglanz. Franzi erwartete aufgrund von Papas Schilderungen eine Art von Ungeheuer und überlegt schon, wie er seinem Papa da helfen könne.

---

9 Manfred Spitzer, Nervenkitzel, S. 157.

Der Chef kommt angefahren und nach einer höflichen Begrüßung sitzen alle in etwas steifer Haltung am Tisch. Auf einmal springt Franzi auf, pflanzt sich vor dem Chef auf und sagt zu ihm: „Du A...!“ Die Eltern werden blass vor Schreck, Papa versetzt Franzi eine schallende Ohrfeige und schreit: „Hinaus mit Dir! Lass Dich heute Abend nicht mehr blicken!“

Franzi sitzt den Rest des Abends einsam und heulend im Kinderzimmer und versteht die Welt nicht mehr: Er hat doch nur dem Papa gegen den bösen Chef helfen wollen! Und als Dank hat Papa ihn geschlagen! Er hat ja nur das Wort A... verwendet, das Papa so oft gebraucht hatte, wenn er über den Chef redete.

Das Kind versteht nicht, warum es bestraft wird – denn es hat aus Bewunderung für den Vater gehandelt – und ist irritiert. Es verliert das Vertrauen und seine Offenheit. Es fängt an, zu überlegen, ob es die Wahrheit sagen darf und lernt, mehr und mehr zu taktieren.

Es folgen weitere Erfahrungen im Leben – in der Schule will das Kind einen Beitrag leisten, äußert seine Meinung und wird dafür bestraft. Ähnlich im Berufsleben ... – immer wieder stößt das natürliche Bedürfnis nach Kooperation auf Barrieren.

Viele Menschen werden im Laufe der Zeit misstrauisch, verschließen sich und hören auf, zu kooperieren. Manche sagen dann: „Das Leben ist hart und brutal. Wer nicht um seinen Vorteil kämpft, geht unter. Wirkliche Zusammenarbeit ist eine Illusion.“

Das Bedürfnis nach Kooperation ist jedoch nicht verschwunden, es schlummert nur im Verborgenen.

Werden die Hindernisse beseitigt, so kann Kooperation ganz natürlich wieder wachsen.

Was können Hindernisse für Kooperation sein?

Viele Menschen haben im Laufe ihres Lebens versucht, mit Eltern, Lehrern, Partnern und Vorgesetzten zu kooperieren, sind dabei aber enttäuscht oder verletzt worden.

Erlebnisse aus der Kindheit und Jugend setzen sich oft im Berufsleben fort: Ein technischer Angestellter machte seinem Chef am Anfang häufig Verbesserungsvorschläge – bis er merkte, dass dies seinem Chef gar nicht recht war. Häufig bekam er zu hören: „Das haben wir schon immer so gemacht …“. Schließlich baute dieser Angestellte eine Mauer um sich herum auf und bot seine Zusammenarbeit nicht mehr weiter an. Seine Kreativität war für das Unternehmen verloren.

Die tiefe Sehnsucht des Menschen nach Kooperation ist schließlich verschüttet. Der Mensch glaubt gar nicht mehr, dass freudvolle Zusammenarbeit überhaupt möglich ist und zum Erfolg führt. Und diese Prophezeiung bestätigt sich selbst: Da dieser Mensch wenig Erfahrung in erfreulicher Kommunikation hat, weiß er auch gar nicht, wie er vorgehen kann, um Kooperation zu erreichen.

Auf der anderen Seite herrschen in manchen Unternehmen Bedingungen, die Kooperation eher verhindern als ermutigen (siehe Kasten 3). Führungskräfte und Mitarbeiter gewöhnen sich daran, dass niemand an ihrer Meinung interessiert ist. Sie richten sich darauf ein, Anweisungen von oben nach unten weiter zu geben bzw. diese mehr oder minder zu befolgen – auch wenn sie keinen Sinn darin sehen. Diskutiert und geschimpft wird erst nach Dienst im kleinen Kreis.

Widerstand gegen Kooperation

Mangelnde Kooperation äußert sich in verschiedenen Formen des Widerstandes.

1. Offener Widerstand Es kommt zu einem offenen Streit der Meinungen, aber zu keinem gemeinsamen Ergebnis. Oft wird „um des Kaisers Bart“ gestritten: Trotz heftiger Auseinandersetzung wird über das Thema, um das es in Wirklichkeit geht, nicht gesprochen. Damit wird eine Lösung unmöglich.

2. Verdeckter Widerstand Jemand gibt vor, mit einer Sache einverstanden zu sein, insgeheim tut er jedoch alles, um sie zu verhindern: er verbreitet hinten herum anders lautende Gerüchte, er blockiert die Umsetzung unter allen möglichen Vorwänden usw.

Kasten 3

Hindernisse zur Kooperation im Unternehmen

Hinderliche Faktoren, die man in der Praxis beobachten kann:

Führungskräfte und Mitarbeiter haben aus ihrer Vergangenheit zu wenig Erfahrungen mit erfolgreicher Kommunikation und sind bereits in die innere Emigration gegangen.

Unerledigte Enttäuschungen und Verletzungen:
Vorschläge des Mitarbeiters wurden nicht ernst genommen, nach dem Motto: „Das Denken überlässt man den Pferden, die haben größere Köpfe."
Die Führungskräfte kommunizierten bisher nur dann mit dem Mitarbeiter, wenn diesem ein Fehler unterlaufen ist, aber nie, wenn er etwas gut gemacht hat.

Manche Vorgesetzte signalisieren, dass es ihnen gar nicht passt, wenn ihre Mitarbeiter „allzu gut" miteinander kooperieren. Einige fördern sogar den Streit unter Mitarbeitern.

Nichtverstehen:
Der Mitarbeiter findet weder mit seinen Ideen, noch mit seinen Anliegen und Nöten Verständnis. Manchen Führungskräften und Mitarbeitern fehlt die Fähigkeit zum aktiven Zuhören.

Der Mitarbeiter erkennt den Sinn dessen nicht, was er tun soll:
Anweisungen werden nach dem Befehlsprinzip von oben nach unten weitergegeben, ohne dass die Hintergründe mitgeteilt werden. Damit bleibt auch unklar, welche Verantwortung mit der Aufgabe verbunden ist.

Lähmende Teambesprechungen:
Niemand sagt ehrlich seine Meinung, viele üben sich in Selbstdarstellung,
Redebeiträge werden unterbrochen und ins Lächerliche gezogen,
Besprechungen dauern endlos, nichts wird in die Praxis umgesetzt.

Aufgabenkonflikt:
Der Mitarbeiter hat bereits andere Aufgaben übertragen erhalten, und ist überfordert, die neue Aufgabe noch zusätzlich zu erledigen.

Der Mitarbeiter ist nicht fähig, es zu tun:
Er fühlt sich durch den erhaltenen Auftrag überfordert, sei es in fachlicher Hinsicht, sei es durch die Anforderungen an sein Kommunikationsvermögen.

Mangelnde Gestaltungsfreiheit:
Einerseits erfordert die erfolgreiche Erfüllung der Aufgabe eigenverantwortliches Handeln, anderseits hat der Mitarbeiter nicht die dazu notwendigen Entscheidungsbefugnisse und Ressourcen.

3. Anpassung als Vermeidungsstrategie Die Anpassung des Opportunisten ist eine besonders getarnte Form des Widerstandes: Jemand vermeidet es prinzipiell, seine eigene Meinung zu äußern. Statt sich mit anderen im Team in einer konstruktiven Auseinandersetzung abzustimmen, passt er sich der Meinung des Stärksten an. Er geht in die innere Kündigung und macht „Dienst nach Vorschrift“, um nicht aufzufallen und Probleme zu vermeiden.

Was fördert die Kooperation?

Jedes Teammitglied ist mitverantwortlich für das Gelingen der Kooperation im Team und kann dazu einen Beitrag leisten. Eine richtunggebende Rolle spielt der Vorgesetzte, der durch sein eigenes Verhalten Signale aussendet, welche Art von Teamkultur hier gelten soll.

1. Wertschätzung Jeder im Team weiß, dass er von den anderen, insbesondere vom Teamleiter, angenommen und wertgeschätzt wird. Beiträge werden als wertvoll für das Team anerkannt.

Botschaften der Wertschätzung sind:

- „Ich mag Dich als Mensch.“
- „Ich anerkenne das, was ich Gutes an Dir beobachte.“
- „Du bist wer für mich“: Ich sehe den anderen nicht als die Nummer 17, sondern nehme ihn mit seiner ganzen Individualität wahr. Ich sehe ihn als unverwechselbares Wesen.
- Ich erkenne die gute Absicht des anderen an.
- „Ich bin für Dich da“: Ich helfe dem anderen, sein Problem zu lösen. Wo es nötig ist, grenze ich mich in positiver Weise ab.
- Ich sende dem anderen das „Willkommen“.

Diese Art von Wertschätzung ist eine dem Berufsleben gemäße Ausdrucksform von Liebe.

2. Der Leiter/die Bezugsperson ist selbst in einem Zustand von Kooperation Das Verhalten der Gruppe ist in einem hohen Maße der Spiegel für den Leiter.

Wenn der Leiter innerlich ums Überleben kämpft, wird es in der Gruppe Blockaden geben.

Wenn der Leiter mit klarer Absicht seine Führungsposition einnimmt, dann spielt er nicht Führungskraft, sondern dann *ist* er Führungskraft. Ist der Leiter positiv gepolt, übt das einen Sog auf die Gruppe aus. Die Mitarbeiter gehen ebenfalls in einen positiven Zustand und sind bereit, einen Beitrag für das größere Ganze zu leisten.

Ein engagierter Teamleiter geht mit der Einstellung auf seine Leute zu: „Ich bin für Euch da, damit Ihr erfolgreich seid!" Er vermittelt seinen Mitarbeitern die Überzeugung, dass Teamarbeit zum Erfolg führt, indem er diese Überzeugung vorlebt. Ein solcher Leiter wird von der Gruppe spontan als natürliche Autorität anerkannt.

Im Zustand von Kooperation bringt die Führungskraft den Mitarbeitern ein Grundvertrauen entgegen.

Peter Malata geht grundsätzlich davon aus, zu vertrauen: „Die Mitarbeiter bekamen die klare Bestätigung meinerseits: ich vertraue ihnen, dass sie die richtigen Entscheidungen treffen. ... Und wenn etwas schief geht, dann geht es schief, aber dann machen sie – die Mitarbeiter – das nicht fahrlässig und versuchen es auch wieder zu reparieren. Und bevor es schief geht, bin ich mir sicher, dass die Mitarbeiter sich mit den notwendigen Partnern in ihrem Bereich abstimmen, damit sie möglichst die richtige Entscheidung treffen."

Im privaten Bereich, in der Familie, wissen wir, dass die Kinder sehr stark auf den Zustand der Eltern reagieren. In der Familie sind Vater und Mutter die Führungskräfte und es ist wichtig, dass diese mit sich selbst im Reinen sind. Glückliche Eltern lassen glückliche Kinder heranwachsen.

3. Sinn und gemeinsame Ziele Der Zweck eines Teams ist es, gemeinsam Ziele zu verwirklichen. Wenn jedes Teammitglied weiß, was das Ziel ist, so gibt das allen Anstrengungen Sinn. Jeder weiß, dass er einen sinnvollen Beitrag zum Ganzen leistet.

Der Sinn macht den Beitrag des Einzelnen für die Gemeinschaft wertvoll. Josef Fegerl: „Der Einzelne will nicht nur Geld verdienen, sondern er will sich selbst dabei etwas wert sein. Und deswegen muss man das anerkennen und am besten tut man das, indem man ihm zeigt, wie wertvoll er an diesem

Arbeitsplatz für das Unternehmen ist. Indem man ihn wissen lässt, was alles geschieht, für wen er das überhaupt macht und was der Sinn seiner Arbeit ist. Wenn er dann auf der Straße ein bestimmtes Auto sieht, weiß er: Aha, da fährt das und das Auto, da ist auch ein Teil drinnen, den ich produziert habe."

Gemeinsame Orientierungsziele schweißen ein Team zusammen. Auch wenn es im Detail unterschiedliche Ziele geben mag (z. B. zwischen Produktion und Verkauf), so will man doch letztlich das Gleiche und hat damit eine solide Gesprächsbasis, die eine Abstimmung der Detailziele ermöglicht.

Im beruflichen Bereich gibt es ein Team nur aus einem einzigen Grund: weil es gemeinsame Ziele gibt.

In der Familie ist das anders: Die Familie gibt es, weil Großeltern, Eltern, Kinder usw. in sie hineingeboren wurden. Aus der Geburt ergeben sich die Zugehörigkeit zur Familie und die Position im Familiensystem. Die Familie existiert quasi naturgegeben, auch ohne vorgegebene oder vereinbarte Ziele.

Nichtsdestoweniger ist es für das gute Klima in der Familie sehr förderlich, wenn es gemeinsame Ziele gibt – z. B. ein gemeinsames Urlaubsziel, auf das sich schon alle freuen.

4. Offene Kommunikation Kooperation lebt dann zwischen Menschen, wenn sie miteinander wertschätzend, ehrlich und offen kommunizieren.

Ich gehe auf den anderen zu und gebe mein Bestmögliches, um ihn in seinem Anliegen zu verstehen, auch dann, wenn er eine schwer verständliche Sprache spricht.

Und anderseits: Ich gebe mein Bestmögliches, um dem anderen meine Anliegen und Sichtweisen in einer ihm verständlichen und annehmbaren Sprache mitzuteilen.

Werkzeuge zur Kommunikation in Organisationen

Zeit, die das Unternehmen in Kommunikation investiert, ist gut investiert. Jedes Vorhaben, das vorweg gut abgestimmt ist, erspart eine Menge Ärger, Zeit und Zusatzkosten, die sonst durch Nachbesserungsarbeiten entstehen würden.

Teambesprechung: Das Team trifft sich regelmäßig, jeder beteiligt sich aktiv und konstruktiv an der Diskussion. Am Ende gibt es konkrete Ergebnisse, die dann umgesetzt werden.

Gespräch im Anlassfall: Offene Themen, Anliegen und Probleme werden innerhalb kurzer Frist besprochen. Jeder der Partner legt seine Sichtweise dar, das Ergebnis ist eine gemeinsame Lösung, die in der Regel besser ist als eine einsame Entscheidung.

Jährliches Mitarbeitergespräch: Der Vorgesetzte trifft sich mit dem Mitarbeiter einmal jährlich zu einem ungestörten Gespräch unter vier Augen. Er gibt dem Mitarbeiter Feedback und holt Feedback vom Mitarbeiter ein. Beide evaluieren die Zielerreichung im vergangenen Jahr und vereinbaren Ziele für das kommende Jahr.

Zusammenfassend Herta Rath: „Wertschätzung hat mit Teamfähigkeit zu tun und als Einzelkämpfer ist man fehl am Platz. Man muss das Mitarbeiten, die Ideeneinbringung der Mitarbeiter, auch wenn sie gar nicht in einer Führungsposition sind, man muss das mit einbauen, akzeptieren und diskutieren. Dann findet man eigentlich immer den richtigen Weg und alle können die Arbeit im Team und den ganzen Tageablauf mittragen."

Werkzeuge zur Kommunikation in Partnerschaft und Familie

Wenn sich die Kommunikation in der Partnerschaft darauf reduziert, dass „er" (vor dem Fernseher) fragt: „Ist noch ein Bier im Kühlschrank?", dann wird die Beziehung in Leblosigkeit enden.

Soll die Partnerschaft leben, so braucht es das Gespräch. Auch in der privaten Beziehung ist Kommunikation das Lebenselixier:

Zeit fürs Gespräch: ein Spaziergang im Grünen ist eine gute Gelegenheit. Mindestens einmal in der Woche sollte Zeit für ein ungestörtes Gespräch sein. Oder am Samstagabend zwei Stunden, in denen man Wichtiges in Ruhe besprechen kann.

In konfliktträchtigen Situationen hilft folgende Vorgangsweise: Die Partner vereinbaren miteinander, wer als Erster spricht. Partner 1 spricht als Erster so lange (ohne dass Partner 2 unterbricht), bis er sagt: „Jetzt habe ich alles gesagt!" Dann ist Partner 2 am Wort, ohne Unterbrechung, bis auch er sagt: „Jetzt habe ich alles gesagt!" Dieser Vorgang kann bei Bedarf noch 1 bis 2

Mal wiederholt werden. Dann gibt es Diskussion. Sobald einer dem anderen zugehört und seinen Standpunkt verstanden hat, ist es viel leichter, eine gemeinsame Lösung oder zumindest einen guten Kompromiss zu finden.

Familienkonferenz: Die ganze Familie trifft sich wie in einer Teamsitzung. Fernseher, Handy etc. werden gnadenlos ausgeschaltet. Einer ist Diskussionsleiter und sorgt dafür, dass jeder zu Wort kommt und nicht unterbrochen wird.

Es gehört im Unternehmen wie in der Familie zu den Schlüsselaufgaben der Führungskraft, jenen Boden zu bereiten, auf dem Kooperation gedeihen kann. Es gehört zu den Aufgaben jedes Mitarbeiters bzw. Familienmitgliedes, zu einem Klima beizutragen, in dem sich Kooperation entfalten kann.

Warum braucht die Wirtschaft die 4. Lebensebene?

Der Mitarbeiter als Mensch wird wichtig Die 4. Lebensebene kommt dann ins Spiel, wenn es um den Menschen, um zwischenmenschliche Beziehungen und um Kontakt geht.

Solange es nur darum geht, dass der Mitarbeiter einfache Arbeiten entsprechend einer genauen Anordnung verrichtet, reicht die 3. Lebensebene aus, damit es funktioniert. Sobald es sich jedoch um komplexe Problemlösungen handelt, wie z. B. in hochtechnologischen Produktionsabläufen, oder um aktive Kundenorientierung, wie in Dienstleistungsunternehmen, braucht es Menschen, die innerlich mittun und sich für das gemeinsame Anliegen engagieren.

So hat sich z. B. gezeigt, dass EDV-Projekte nur dann erfolgreich sein können, wenn die Benutzer in die Entwicklung und Gestaltung der Systeme mit einbezogen werden.

Technische Systeme und Organisationen brauchen Teamarbeit, um wirkungsvoll funktionieren zu können. Dienstleistungsunternehmen brauchen Kundenbetreuer, die aus sich heraus motiviert sind, die auf Kunden zugehen und für diese da sind.

Es gibt gute wirtschaftliche Gründe, sich mehr mit dem menschlichen Potenzial auseinanderzusetzen:

Solange Menschen bloße Anhängsel des Fließbandes sind, kann man den Menschen wie eine etwas komplexere Maschine betrachten.

Sobald jedoch Kreativität, Verantwortungsbewusstsein, Team- und Kontaktfähigkeit gefordert werden, wird der Mensch mit seinem *menschlichen* Potenzial ganz wichtig. Statt Untergebenen benötigt das Unternehmen auf einmal Partner.

Als Voraussetzung dafür, dass das System funktioniert, ist eine Qualität erforderlich, die weit über das Funktionieren hinaus geht. Es geht darum, den Menschen als Menschen wahrzunehmen.

Wir leben jetzt in einem Zeitalter, wo es darauf ankommt, von der 3. Lebensebene, wo z. B. die Technik weitgehend perfekt funktioniert, zur 4. Lebensebene zu gelangen, auf der die Menschen zueinander finden.

Ausdrucksformen von Liebe in der Wirtschaft Auf der 4. Lebensebene wächst der Mensch über die bloße Instrumentalisierung hinaus. Der Unternehmenserfolg beruht gerade darauf, dass sein Menschsein anerkannt wird.

Liebe hat im Unternehmen andere Ausdrucksformen als z. B. Liebe in der Partnerschaft zwischen Mann und Frau, die mit Nähe und Intimität verbunden ist. „Wertschätzung“ und „Achtung“ ist die für das berufliche Umfeld gemäße Ausdrucksform von Liebe.

Der Mensch ist in einem Unternehmen in ein größeres Ganzes eingebunden und gleichzeitig gewinnt er Bedeutung in seiner Einzigartigkeit.

Wolfgang Lakata, der für 6.500 Mitarbeiter zuständig ist: „Ein Unternehmen ist ein Organismus, der mithilfe verschiedenster Maßnahmen ständig zu optimieren ist. ... Die Ausbildung der Mitarbeiter ist nicht Selbstzweck, sondern muss schlüssig in die Optimierungsstrategie eines Unternehmens passen. Und ich glaube, je mehr man den Mitarbeiter als Individuum wahrnimmt und je mehr man auf ihn als Individuum eingeht, je mehr man die Unterschiedlichkeiten der Menschen wahrnimmt und berücksichtigt, diese entsprechend ihren individuellen Fähigkeiten fördert und einsetzt – so weit das in einem Großunternehmen möglich ist – umso größer wird letztlich der Gesamterfolg ... Und dieser Schritt, den Mitarbeiter als Individuum wahrzunehmen, ist eine Art von Wertschätzung.“

Zeit ist insbesondere für Führungskräfte ein knappes Gut und hat Wert. Nochmals Wolfgang Lakata: „Ein Element von Wertschätzung ist auch, dass man den Menschen Zeit und Aufmerksamkeit schenkt ... Wenn ich keine Zeit und keine persönliche Wahrnehmung der Leute habe oder mich mit den Leuten nicht mehr auseinandersetze, dann dürfen wir nicht mehr von Wertschätzung reden."

Wertschätzung motiviert – wenn sie echt ist Tragfähige Beziehungen im Team und im Unternehmen sind Beziehungen, die auf Wertschätzung und Wohlwollen dem anderen gegenüber aufbauen. Führungspersönlichkeiten schätzen den Beitrag jedes Mitarbeiters, sehen ihre Mitarbeiter – egal welche Position sie innehaben – als gleich wertvoll und behandeln sie dementsprechend. Hier wird der Mensch in seiner Ganzheit erlebt und nicht mehr als Nummer oder ersetzbares Objekt gesehen.

Erfahrung und Leistungen, die ins Unternehmen eingebracht wurden, werden anerkannt und gewürdigt. Das schafft eine Grundstimmung von Akzeptanz und Ausgeglichenheit, nimmt unnötigen Leistungsdruck weg und verhindert zerstörerischen Konkurrenzdruck und Neid zwischen den Mitarbeitern.

Gleichzeitig steigen Engagement und Leistung der Mitarbeiter. Die Menschen spüren, dass sie mehr verbindet, als die Zweckmäßigkeit und die Tatsache, dass sie ein Rädchen im Räderwerk der Firma sind. Ihr Beitrag wird als wertvoller Teil der gesamten Unternehmensleistung erlebt und das „Miteinander Leisten" lässt sie zu Partnern werden, die respektvoll und liebevoll miteinander umgehen.

Aufgrund wissenschaftlicher Untersuchungen weiß man schon seit Jahrzehnten, dass Anerkennung Mitarbeiter motivieren kann. Elton Mayo wollte schon in den 20er Jahren mit den berühmt gewordenen Hawthome-Experimenten in Chikago herausfinden, welche Beleuchtung zu den besten Arbeitsergebnissen bei Fabrikarbeiterinnen führte. Er kam zu einem überraschenden Ergebnis: Man konnte die Beleuchtungsstärke vergrößern oder verkleinern – mit jedem Experiment stieg die Arbeitsleistung. Sie war also unabhängig von der Beleuchtung. Wovon hing dann die Arbeitsleistung ab?

„Die Ergebnisse finden dadurch eine einleuchtende Interpretation, dass durch das Interesse das den Arbeitenden durch das Experiment entgegengebracht wurde, ihr Bedürfnis nach Anerkennung stärker als zuvor befriedigt wurde, dass sie sich als Menschen und nicht nur als Produktionsfaktoren verstanden wussten und darauf mit erhöhtem Leistungseinsatz reagierten."[10]

Man weiß also schon lange, dass Wertschätzung motivieren kann. Allerdings haben die Mitarbeiter sehr feine Antennen, mit denen sie herausfinden, ob die Wertschätzung auch echt ist. Sie spüren genau, ob es sich nur um ein paar schöne Worte zur Weihnachtsfeier handelt, oder ob sie von ihren Vorgesetzten als Menschen ernst genommen werden.

Wertschätzung ist dann echt, wenn sie den Menschen wertschätzt, unabhängig davon, wie die Situation ist und was ich gerade von diesem Menschen will.

Franz Peneder: „Bei uns ist das Du-Wort der Ausdruck der Gleichwertigkeit, egal, welche Tätigkeit ich im Unternehmen habe. Der Geschäftsführer hat die Aufgabe, das Unternehmen zu führen und es in die Zukunft zu bringen, aber wenn der Monteur nicht in diesem Sinne arbeitet, wie es sein soll, wäre das Produkt nicht in Ordnung ... Natürlich gibt es je nach Qualifikation Unterschiede in der Bezahlung – aber in der menschlichen Wertigkeit sind alle gleich wichtig."

Dazu Josef Fegerl: „Wenn mir jemand als Mensch begegnet dann hat er die Wertschätzung als Mensch. Und das andere sind dann ja Beurteilungen, die eigentlich über das Mensch zu Mensch sein hinausgehen."

Wertschätzung in Krisensituationen Wertschätzung wird dann auf die Probe gestellt, wenn über das Unternehmen schwierige Zeiten hereinbrechen.

Peter Mitterbauer: „Jeder Mensch weiß, dass es in der Wirtschaft ein Auf und Ab gibt. Es ist dann eine Frage des offenen und ehrlichen Umgangs miteinander: Wie geht ein Unternehmen in schwierigen Zeiten mit seinen Mitarbeitern um? Es geht darum, die Fakten auf den Tisch zu legen und die Gründe für das Problem zu erörtern. ... Wenn wir Schwierigkeiten im Unternehmen bewältigt hatten, war das bei uns immer ein wahnsinniger Schub für den nächsten Aufstieg. Wenn die Firma in der Krise steckt, dann zeigt

---

[10] Lutz von Rosenstiel u. a., Organisationspsychologie. S. 43

sich, ob die Mitarbeiter den Chefs wirklich wichtig sind oder nicht. Wenn die Mitarbeiter merken, dass der Unternehmer auch in schwierigen Zeiten so viele Arbeitsplätze wie nur möglich erhalten will, dann stehen sie zum Unternehmen, sie werden Einschnitte in Kauf nehmen und sich engagieren, damit es wieder bergauf geht. So können Krisen unter einer fähigen Führung den Zusammenhalt und Erfolgswillen im Unternehmen vervielfachen. Und wenn es der Firma dann wieder gut geht, dann bekommen die Mitarbeiter auch ihren Anteil am Erfolg."

Claus Repnik: „Also wirklich: Jeder im Haus weiß, wie viel Gewinn wir jeden Monat machen. ... Ich habe die Erfahrung gemacht, dass es nicht die Begehrlichkeit weckt, wenn man ein System hat, wo geteilt wird. Ja wenn man von vorneherein teilt, dann freut sich jeder – je mehr Gewinn wir machen, desto schöner ist es."

Der Einzelne wird wahrgenommen Wertschätzung zeigt sich auch darin, dass der Vorgesetzte sich für persönliche Dinge interessiert.

Wolfgang Lakata: „Bei meinen wöchentlichen Betriebsrundgängen hat es viele persönliche Gespräche gegeben, da haben wir nicht nur über die Arbeit geredet. So habe ich z. B. zu einem Mitarbeiter so eine Art Kontakt bekommen, und dann hat er mir immer von seinen Fischen erzählt. Ich habe dann schon gefragt: Wie geht es Deinen Fischen? Er hat daheim einen Teich, wo er sich mit seinen Fischen beschäftigt und er hat mich sozusagen in seine Welt hineingelassen. Das hätte er nicht getan, wenn er kein Vertrauen zu mir gehabt hätte. Und ich habe ihm auch gewisse Erlebnisse aus meiner Welt erzählt. Es geht darum, sich für die Welt des anderen zu interessieren und den anderen ein Stück in seine eigene Welt hinein zu lassen."

Claus Repnik: „Der Geschäftsführer sollte da den Führungskräften vorangehen und Wertschätzung für Persönliches zeigen. Ein ganz kleines Beispiel: Der entsprechende Bereichsleiter und ich gratulieren den Mitarbeitern im Haus zum Geburtstag persönlich. Wir haben 900 Mitarbeiter derzeit, also wir sind jeden Tag oder zumindest 1 Mal in der Woche, wir müssen das ja bündeln, unterwegs, gehen zu dem Mitarbeiter an seinen Arbeitsplatz und beglückwünschen ihn zum Geburtstag. Wir nehmen ein kleines Geschenk mit, das sich natürlich verändert, aber das immer ein bisschen Freude macht. Da haben wir Gelegenheit, auch ein paar Minuten wirklich persönlich zu reden, ohne dass es da Publikum gibt und auf persönliche Belange, Probleme, Wünschen, Beschwerden, Bitten einzugehen. Für mich ist das System deshalb so faszinierend, weil es mir Freude bereitet und zweitens auch sicherstellt, dass man zumindest ein Mal im Jahr mit jedem persönlich geredet hat.“

Den individuellen Entwicklungsstand achten Nicht immer ist es möglich, alle Mitarbeiter auf die 4. Lebensebene mitzunehmen. Wichtig ist es, zu bedenken, dass die persönliche Entwicklung von Menschen im individuell passenden Tempo erfolgt und nicht verordnet, sondern nur angeregt und unterstützt werden kann. Wenn ein Mitarbeiter sich auf Teamarbeit, auf ein Mehr an Verantwortung und Gestaltungsfreiheit nicht einlassen will, so ermöglicht ein wertschätzendes Umfeld oft, dass er sich nach einiger Zeit doch öffnet und mitkommt.

Es kann jedoch auch sein, dass für diesen Menschen der Zeitpunkt noch nicht passt und er entscheidet, diesen Schritt nicht zu tun. Liebe im Miteinander heißt hier, diese Entscheidung zu akzeptieren. Wenn ein Miteinander nicht möglich ist, weil ein Partner seine Einstellung nicht ändern will, kann es eine gute Lösung sein, sich in Frieden zu trennen. Menschen, die sich der Liebe verschließen, fühlen sich manchmal in einem System, das auf der 3. Lebensebene bleibt, wohler.

Wertschätzung für Kunden und Lieferanten Auf der 4. Lebensebene bekommt die Beziehung zwischen Kunden und Lieferanten eine neue Qualität: Hier geht es nicht nur um fairen Austausch in dem Sinn, dass Gegebenes und Genommenes gleich viel wert sind (Gleichgewicht auf der 2. Lebensebene). Es geht darum, dass sich einer für den anderen engagiert, dass Lieferanten und Kunden wie ein Team zusammenarbeiten. Eine neue Qualität von Beziehung entsteht: Die beiden Seiten handeln nicht bloß Positionen und Konditionen aus, sondern entwickeln Produkte und Märkte mit gemeinsamen Zielen.

Dazu braucht es nachhaltige Beziehungen. Peter Mitterbauer: „Es gibt eine langfristige Kundenbeziehung, die funktionieren muss, aber auch eine mit den Zulieferern – bei allen wirtschaftlichen Zwängen, Notwendigkeiten und Auseinandersetzungen. So betreibt unser Unternehmen u. a. bei einem der großen Industriekunden ein Entwicklungsbüro, in dem Produkte gemeinsam weiterentwickelt werden."

Für Gerhard Graßegger geht es um Partnerschaft, sowohl mit dem Kunden als auch mit dem Lieferanten: „Wertschätzung für den Kunden – das ist natürlich für uns das Wichtigste überhaupt. Es ist immer eine Art wie man aufeinander zukommt und wie man miteinander umgeht. Das zieht sich jetzt durch, ob das ein Mitbewerber, ein Kunde oder ein Zulieferant von uns ist. Es ist im Prinzip immer dasselbe. Sie können meinetwegen durch irgendein Verhalten im Moment bei einem Zulieferanten sogar mehr lukrieren, in dem sie sich vielleicht nicht fair verhalten. Das ist eine Einmalsituation. Der Kunde wird sich das ja auch merken oder der Zulieferant. Der wird das ein zweites Mal bei ihnen nicht machen."

Peter Malata betont, wie wichtig es ist, in einem guten Gesprächsklima mit dem Kunden gemeinsame Lösungen zu finden: „Die Kunden arbeiten gerne mit uns zusammen. Wir sind für den Kunden ein Unternehmen, mit dem man reden kann." Wenn Probleme auftauchen – jedem können Fehler passieren – dann hilft man zusammen und der Kunde steht hinter einem ... Dann kann man sich aufeinander verlassen. Kameradschaft hat für mich einen sehr hohen Stellenwert. Und diesen Gedanken der Kameradschaft möchte ich in meinem Unternehmen manifestieren – zu den Mitarbeitern und natürlich auch zu den Kunden und Lieferanten."

Wertschätzung ist mit Nachhaltigkeit verbunden Wenn das Management eines Unternehmens nur in 4-Jahresfristen denkt, dann hat Wertschätzung nicht viel Platz. Denn das menschliche Potenzial und die Kultur eines Unternehmens können nur über längere Fristen aufgebaut werden. Dies ist mit dem Prinzip „hire and fire" nicht vereinbar.

Franz Peneder: „Die Kultur prägt sich längerfristig als die Strategie. Es ist relativ einfach, eine Strategie morgen schon zu verändern, aber eine Unternehmenskultur ist ein wesentliches Merkmal, das man nicht so schnell erschafft."

Was das Unternehmen für den Mitarbeiter macht, hat den Charakter einer langfristigen Investition. Peter Mitterbauer: „Natürlich ist eine nachhaltige, gedeihliche Arbeit nur dann möglich, wenn Menschen einander ein gewisses Maß an Wertschätzung entgegen bringen. Und daher ist die Frage – arbeitet jemand in einem Unternehmen gerne oder nur gezwungen – auch für den wirtschaftlichen Erfolg entscheidend. Dabei stellt sich die Frage: Definieren Sie wirtschaftlichen Erfolg kurzfristig von Quartal zu Quartal oder im Sinne eines langfristigen Erfolgs – Wachstum, organische Entwicklung, neue Märkte, Marktanteile, neue Produkte und Alleinstellungsmerkmale. ... Erbracht werden kann das großteils nur von Menschen. Und daher sind wir schnell wieder bei der Frage: Wie organisieren sich Menschen untereinander und wie gehen sie miteinander um?"

Die Wertschätzung für die Menschen *im* Unternehmen hat einen Zusammenhang mit der Wertschätzung für die Kunden. Martin Essl: „Uns ist Nachhaltigkeit wichtig – wir wollen nicht kurzfristigen Erfolgen nachlaufen, sondern für Menschen mit Menschen arbeiten. Also eine langfristige Beziehung zu unseren Kunden aufzubauen, ist unsere eigentliche Zielsetzung." Weiter führt Martin Essl aus: „Ist das überhaupt beweisbar, dass man mit Wertschätzung erfolgreich sein kann? Am Beispiel unseres Unternehmens kann man das mit einem absoluten JA beantworten. Wir sind nicht an kurzfristigen *Quarterly Reports* interessiert. Sondern wir sind bereit, Teile des Ertrages den Menschen und der Gesellschaft zurückzugeben. Einer unserer Schwerpunkte ist die Integration von Menschen mit Behinderung bei bauMax." Das Unternehmen hat eine Stabsstelle, die sich mit der Integration Behinderter in den normalen Arbeitsprozess beschäftigt.

Claus Repnik: „Unser eigenständiges Credo ist der langfristige Wettbewerbsvorteil – und das sind die Menschen, weil nur die in der Lage sind, all die Instrumente von der Produktentwicklung über die Planung der Prozesse bis hin zum täglichen Betrieb anzuwenden."

Wozu braucht die Politik die 4. Lebensebene?

Wir begeben uns jetzt auf ein Terrain, das von vielen in noch höherem Maße als die Wirtschaft als „liebesfeindlich" gesehen wird. Geht es in der Politik nur um Stimmenfang, Machtspiele und Manipulation? Oder gibt es da noch andere erfolgreiche Wege?

Hubert hat von vielen Bürgermeistern, mit denen er gearbeitet hat, gelernt, dass gerade in der Gemeinde, wo es den direkten Kontakt mit den Menschen gibt, Wertschätzung ganz wesentlich für den Erfolg ist, und dass auch ehrliche Arbeit anerkannt wird.

Elisabeth hat Bürgermeister Werner Gutzwar interviewt, der als Politiker sehr erfolgreich ist, sowohl, was die Entwicklung seiner Stadtgemeinde betrifft, als auch in Bezug auf die Wählerstimmen. Seine Aussagen sind bemerkenswert:

„Unsere Stadtgemeinde hat 133 Mitarbeiter unterschiedlicher Ausbildung vom Akademiker bis zum Mitarbeiter im Wirtschaftshof. Und es gilt, allen entsprechende Wertschätzung entgegen zu bringen, unabhängig vom Ausbildungsstand, egal, in welcher Position er sich befindet. Diese Wertschätzung braucht jeder Mensch. Auch wenn er das nach außen nicht so zeigt, im Innersten will jeder Mensch verstanden und ernst genommen werden."

Das gilt auch für die Bürger der Stadt:
„Wertschätzung fängt bei kleinen Dingen an. Es ist wichtig, dass der Bürger mit seinen kleinen Anliegen – Parkbank, Papierkorb, Schlaglöcher – das was tagtäglich nervt, ernst genommen wird – das ist persönliche Wertschätzung."

Für Werner Gutzwar ist Wertschätzung gegenüber allen Menschen wichtig:
„Die Betonung liegt auf *allen* Menschen. Da leg ich besonderen Wert drauf, weil meine Tür für jedermann offen ist, da zählt die Partei nicht. Für mich ist auch die Aufrichtigkeit wichtig – es muss mir Aufrichtigkeit entgegen gebracht werden, dann bin ich bereit zu helfen ... Ich bin Vertreter dieser Stadt, als solcher bin ich gewählt worden, für alle da zu sein und zu helfen."

Selbstverständlich hat auch Werner Gutzwar Mitbewerber. Seinen Stil dazu drückt er folgendermaßen aus: „Man soll mit seinen Leistungen werben und nicht mit den Schwächen der anderen. ... jeder soll seine Ideen einbringen, aber schlecht zu machen, Neid und Missgunst zu säen kann nicht das Mittel sein, es geht dann in der Sache nichts weiter und alle leiden."

Wertschätzend zu sein, heißt aber nicht, immer nur lieb und nett zu reden. „Nur loben wird nicht ernst genommen – loben, wo Lob am Platz ist, aber auch kritisch durch die Welt gehen ... Wenn man kritisch ist, die Arbeit durchleuchtet und dann ein Lob ausspricht, hat das eine ganz andere Bedeutung, als wenn man generell versucht, everyone`s darling zu sein."

Man sieht, dass eine solche Haltung auch von den Menschen honoriert wird, wenn sie zur Wahl gehen.

Bei den angeführten Zitaten ging es „nur" um eine Gemeinde. Und viele der großen anstehenden Probleme müssen und können lokal gelöst werden. So haben z. B. einige Gemeinden in Österreich Projekte gestartet mit dem Ziel, sich mittels lokaler Energieerzeugungsanlagen und Energiesparmaßnahmen von fossilen Brennstoffen unabhängig zu machen. Dies kann letztlich nur in dem oben beschriebenen Stil funktionieren, wenn alle mit einbezogen werden, sich ernst genommen fühlen und mitspielen. Wenn Modellgemeinden Schule machen, dann werden es immer mehr, die einen Beitrag zur Lösung des Klimaproblems leisten.

Darüber hinaus sind weltweite Schritte in der „großen Politik" erforderlich. Da zeigt sich deutlich, dass die Menschheit heute herausgefordert ist, den Schritt von der 3. auf die 4. Lebensebene zu vollziehen.

Das globale Problem der Klimaveränderung kann nicht durch Machtdemonstration von einzelnen Staaten gelöst werden.

Es braucht weltweite Partnerschaft, Kommunikation und Kooperation, um das globale Klimaproblem zu lösen. Dazu ist Konsens aller Nationen auf unserem Planeten nötig, zumindest aber ein guter Kompromiss.

Wenn das Bewusstsein, dass wir alle auf dem gleichen Planeten leben und von ihm abhängig sind, allgemein wird, dann entsteht in jeder Nation Wertschätzung für die eigene Nation, für die anderen Nationen, die „im gleichen Boot sitzen" und für die Erde als Ganzes. Und das ist eine Ausdrucksform von Liebe.

Dies ist aber auch der Weg, um andere globale Probleme zu lösen, wie das Nahostproblem, den Terrorismus, die Finanzkrisen, das Ernährungsproblem usw.

So kann gerade die kritische Situation, in der sich unser Planet derzeit befindet, der Anstoß sein, dass sich die Menschheit auf eine höhere Lebensebene begibt und dadurch fähig wird, kooperativ die anstehenden Probleme zu lösen.

In diesem Buch zeigen wir an Hand lokaler Erfahrungen auf, dass dies prinzipiell möglich ist.

Und es ist auf Dauer eine Frage des Überlebens, dass die Menschheit dies in globalem Maßstab umsetzt. Dazu brauchen wir als Führungskräfte Politiker, die selbst schon einen Schritt weiter sind, das große Ganze sehen und die Menschen auf die 4. Lebensebene führen.

Wir sehen heute ermutigende Signale. Die USA wollen sich nunmehr dem weltweiten Kampf gegen die Erderwärmung anschließen. Präsident Obama betonte bei seiner Antrittsrede: „Wir sagen, wir können es uns nicht länger leisten, das Leiden außerhalb unserer Grenzen zu ignorieren, noch können wir die Ressourcen unserer Erde verbrauchen, ohne auf die Auswirkungen zu achten. Denn die Welt hat sich verändert, und so müssen wir uns verändern.“[11]

China hat sich angesichts der Finanzkrise erstmals bereit erklärt, mit den westlichen Ländern zusammenzuarbeiten, um ein neues Weltfinanz- und Wirtschaftssystem zu schaffen.

Das sind Schritte zu mehr Zusammenarbeit und Partnerschaft. All dies entstand nicht aus verrückten Ideen von Einzelpersonen, sondern weil die fortschreitende Evolution es erfordert, sich immer mehr zu vernetzen und aufeinander abzustimmen. Vom einzelnen Akteur mag dies oft nicht als Liebe empfunden werden, sondern einfach als zweckgerichtetes Handeln. Es ist jedoch Ausdruck einer überpersönlichen Liebe, die über dem Willen des Einzelnen steht.

Wer führt Menschen und Teams auf die 4. Lebensebene?

Um Menschen in ihrer Entwicklung von der 3. auf die 4. Lebensebene begleiten und führen zu können, braucht es Führungskräfte, die mindestens die 5. Stufe selbst integriert haben.

Die Lösungsansätze erfordern ein Denken und Handeln, das mindestens eine Entwicklungsstufe höher angesiedelt ist. Wenn die Führungskraft imstande ist, authentisch zu kommunizieren (5. Lebensebene), dann übt sie einen Sog auf das ganze Team aus, sich auf die 4. Lebensebene zu bewegen.

Noch stärker ist die Wirkung der Führungskraft, wenn sie eine Vision vor Augen hat, ihr folgt (6. Lebensebene) und diese den Mitarbeitern weiter vermittelt.

---

11 Übersetzung Georg Pichler 2009. www.rigardi.org/?p=1021

6. Kapitel
Authentizität – Leadership (5. Lebensebene)

Authentisch – was ist das?

Kennen Sie diesen Menschen? Wenn er spricht, dann hören wie von selbst alle zu. Sie hören zu, nicht weil sie Angst haben, sondern weil sie die Kraft spüren, die in seinen Worten mitschwingt. Das, was er sagt, wirkt echt und glaubhaft. Und dieser Mensch kann nicht nur wirkungsvoll sprechen, er kann auch zuhören.

Einen solchen Menschen nennen wir authentisch. Er strahlt eine natürliche Autorität aus, der viele gerne folgen, weil sie glaubhaft wirkt. Seine Worte stimmen mit seinen Taten überein und sind hilfreich für andere Menschen.

Ein Mensch, der authentisch ist, hat die 3. Lebensebene integriert – er weiß genau, was seine Ziele sind. Er hat auch die 4. Lebensebene voll entwickelt, er geht mit offenem Herzen in Kontakt mit den Menschen.

Authentisch im Sinne der 5. Lebensebene kann ein Mensch dann werden, wenn er durch persönliche Entwicklungsprozesse hindurchgegangen ist, die Herausforderungen des Lebens angenommen und das Erlebte in seine Persönlichkeit integriert hat. Dies ist ein Ausdruck von menschlicher Reife.

Dieser Mensch spielt nicht den Chef, er *ist* Führungspersönlichkeit – egal, ob er formell gerade in einer Führungsposition ist. Die 5. Lebensebene ist Leadership!

Der Politiker bringt es auf den Punkt – Werner Gutzwar: „Das Verstellen geht nur kurzfristig. Man muss so sein, wie man ist und auf das bin ich ganz stolz. Ich nehme mir kein Blatt vor den Mund. Mit Ecken und Kanten durchs Leben zu gehen bedeutet auch Kritik einzufangen, aber man gibt sich selbst nicht auf und das ist ganz wichtig, denn am Ende des Weges muss man sich selber auch noch in den Spiegel schauen können. Deswegen bin ich auch sehr bedacht meine ursprüngliche Linie nicht zu verlassen, um vielleicht eine Wählerstimme zu bekommen. Sondern ich bin angetreten Akzente in unserer Stadt zu setzen, die zum Wohle der Bevölkerung dienen. Wenn mir das gelingt, dann sollte die Ernte auch eingefahren werden."

Sich selbst führen

Leadership meint jedoch nicht nur Führung anderer. Zunächst einmal ist Leadership eine Qualität, die jeder Mensch im Umgang mit sich selbst braucht. Wie gehen wir mit uns selbst um? Welchen Wert, welche Zuwendung und Anerkennung geben wir uns selbst? Wie sehr lieben wir uns selbst?

Manchmal behandeln wir uns selbst so schlecht, wie wir keinen anderen Menschen je behandeln würden. Gerade der gute Umgang mit uns selbst stattet uns mit jenen Fähigkeiten aus, die uns im Außen zu Führungspersönlichkeiten werden lassen, die man spontan anerkennt, achtet und denen man folgt.

Nur ein Mensch, der selbst motiviert ist, kann andere motivieren. Nur ein Mensch, der sich selbst führt, kann andere führen. Die Mitarbeiter halten der Führungskraft – meistens unbewusst – den Spiegel vor: Sie leben das aus, was in der Tiefe der Seele bei der Führungskraft vorhanden ist. Wenn Mitarbeiter sich chaotisch verhalten, so kann das ein Zeichen dafür sein, dass die Führungskraft in der Tiefe ihrer Seele chaotisch und desorientiert ist. Umgekehrt wird z. B. eine erfolgsorientierte Führungskraft erfolgreiche Mitarbeiter haben.

→ Die Welt ist ein Spiegel von mir

Authentische Führung: Leadership

Management findet auf der 3. Lebensebene statt: Ziele setzen, planen, organisieren, koordinieren, kontrollieren.

Leadership bedeutet: Menschen mittels der eigenen authentischen Persönlichkeit führen und überzeugen. Leadership ist eng mit Charisma verbunden.

Leadership ist etwas anderes als der alte patriarchalische Führungsstil (2. Lebensebene). Bei Leadership ist die Persönlichkeit des Führenden in ganz anderer Weise wichtig als beim Patriarchen. Leadership bedeutet, in Resonanz mit den Menschen zu gehen, in den Dialog einzutreten, sie mit einbeziehen und zur Entwicklung ihres Potenzials führen.

Wolfgang Lakata: „Heute werden die Dinge ausdiskutiert. Heute gibt es Widerspruch. Heute kriegt man die Autorität auf einem anderen Weg. Früher war man eine Autorität aus der Funktion heraus – heute muss man die Autorität mehr über die Person spielen. Die Frage ist: Hast Du Autorität in der

Art, dass Du mit mündigen Mitarbeitern umgehen kannst, hast Du die Überzeugungskraft, dass sie hinter Dir stehen? “

Werner Mras ist Führungskraft und in seiner Freizeit Schlagzeuger in einigen Bands. Der Schlagzeuger führt die Band bei der Aufführung, indem er den Takt vorgibt. Er beschreibt, in welchem inneren Zustand sich der Schlagzeuger befinden muss, um das erfolgreich zu tun: „Es ist der Zustand des Fließens, wo man in seiner inneren Mitte ist und daraus so viel Sicherheit und Kraft bekommt, dass man in der Band die nötige Aufmerksamkeit hat, zu steuern.“ Genau diese Art von Präsenz braucht es auch für den Leiter einer Firma oder einer Abteilung, „damit jeder sein Instrument gut beherrscht und der gesamte Klang stimmt.“

Die 5. Lebensebene ist die Lebensebene der Menschenführung. Hier geht es darum, das Vertrauen der Menschen zu gewinnen und sie darüber hinaus für die gemeinsame Mission zu begeistern. Hier ist nicht primär die Autorität aufgrund einer Position gemeint, sondern die natürliche, persönliche Autorität, die in der Identität der Person begründet ist.

Menschen, die diese Form der Autorität ausstrahlen, ziehen andere Menschen an. Sie haben Charisma und können Menschen ohne Druckmittel einfach durch ihr Präsentsein Richtung und Sicherheit vermitteln.

Solche Menschen haben die unteren vier Ebenen integriert und wissen, wer sie sind, wovon sie überzeugt sind, welche Fähigkeiten sie besitzen und wie sie diese im Sinne des Gesamtwohls einsetzen. Sie haben eine positive Grundstimmung und strahlen Liebe/Wertschätzung und Zuversicht aus.

Kennedy und Clinton z. B. hatten diese Art von Ausstrahlung. Sie erzeugten im Gegenüber das Gefühl angenommen, wichtig und liebenswert zu sein. Dadurch erreichten sie die Herzen vieler Menschen und konnten oft Konflikte zu einer guten Lösung bringen und Situationen vor der Eskalation bewahren.

Das positive Vorbild schafft Glaubwürdigkeit

Die authentische Führungskraft lebt das vor, was sie den Mitarbeitern vermitteln will. Gerhard Graßegger: „Man kann nicht einfach gewisse Sachen mit Rundschreiben verordnen und sich dann völlig anders verhalten. Man muss das vorleben – dann wird es auch von den anderen gelebt. Das ist eine einschätzbare, klare Linie."

Franz Peneder: „Es geht nicht darum, dass man die Werte transportiert im Sinne: Ich sage Euch, was die Werte sind. Sondern die Werte müssen letztlich spürbar sein im Unternehmen und die wirken aus sich heraus. Entweder man ist glaubwürdig und authentisch – oder nicht."

Auf die Frage, woher er die Kraft nimmt, um so authentisch zu sein, antwortet Gerhard Graßegger: „Wenn man an etwas glaubt, dann braucht man nicht so viel Kraft dafür. Wenn man als Persönlichkeit so ist, dann kann man das leben, ohne dass man Anstrengung auf sich nimmt. Ich glaube, dass es eher der andere Weg wäre, der mehr belastet. Nein, mit Echtheit hat man kein schweres Leben, sonst täte ich es auch nicht, da wäre man ja dumm."

Echtheit gibt dem Menschen Kraft und Ausstrahlung.

Zur Glaubwürdigkeit gehört Ehrlichkeit gegenüber anderen. Claus Repnik: „Ich habe mir Zeit meines beruflichen Lebens ein ganz wesentliches Ziel gesetzt: die Mitarbeiter nicht zu belügen. ... Ich habe die Erfahrung gemacht: Je transparenter, je offener, je ehrlicher man auch mit Problemen umgeht, desto besser reagiert die gesamte Organisation darauf. Die Mitarbeiter verstehen es durchaus, dass es einmal besser, einmal schlechter geht und dass man darauf reagieren muss."

Josef Fegerl: „Das Wesentliche in Bezug auf Führungsverhalten und Arbeiten im Team ist absolute Transparenz. Es muss alles ausgesprochen werden, es darf nichts zurückgehalten werden."

Authentisch kommunizieren

Auf der 5. Lebensebene drückt sich der Mensch authentisch aus *und* er hört auch authentisch zu.

Ein authentischer Mensch, ein Teamleader ermutigt das ganze Team, ebenfalls so offen und klar miteinander zu kommunizieren. Es entsteht ein Klima von Offenheit, Kreativität und Bereitschaft zu Veränderung.

Authentische Botschaften haben Kraft. Sie kommen an. Sie drücken auch Gefühle auf eine Weise aus, die für andere annehmbar sind. Der Leader führt Menschen auf die 4. Ebene. Worte, Gefühle und Handeln stimmen überein.

Auf der 5. Lebensebene drückt der Mensch das aus, was er auf den darunter liegenden Ebenen – insbesondere auf der 4. Lebensebene – entwickelt hat. Dies erzeugt einen Sog.

Authentisch kommunizieren heißt auch, Kritik in konstruktiver und wertschätzender Form zu äußern.

Franz Peneder: „Ich kann jemandem wertschätzend sagen, dass ich das nicht will. ... Ich habe noch keine Situation erlebt, wo ich mit Wertschätzung nicht auch etwas Hartes habe sagen können."

Feedback muss in beide Richtungen gehen, damit es glaubwürdig ist. Dazu Thomas Prigl: „Wenn ich nur negative Kritik gebe, wird das Positive nicht mehr wahrgenommen. Da bleiben dann nur glorifizierende Worte zur Weihnachtsfeier. Wenn ich aber auf der anderen Seite nur lobe, werde ich auch unglaubwürdig. Wenn ich authentisch bleibe, kann ich in Ruhe sagen, was ich will."

Genau so wichtig ist es, auch zu eigenen Fehlern zu stehen und Kritik annehmen zu können.

Claus Repnik: „Es geht um das Ablegen von Scheinwelten, von Barrieren, die man um sich aufbaut. Es hilft unheimlich, wenn man sagt, ich bin ein Mensch wie 900 andere auch: Mit Sorgen, mit Ängsten, mit Fehlern, ich gebe das zu, ich öffne mich. Ich stehe auch zu den Problemen, die ich habe, zu den Fehlern, die ich habe, zu den falschen Entscheidungen, die ich getroffen habe. Dann wird man immer wieder vom gesamten Team unterstützt werden und es wird niemand darauf lauern, dass man einen Fehler macht."

Um zu führen, ist es unverzichtbar, zuhören zu können. Werner Mras zieht nochmals den Vergleich zum Musizieren in der Band: „Ich bin als Schlagzeuger derjenige, der den Referenzpunkt gibt ... Die Band spielt und du bist sozusagen derjenige, der den Herzschlag vorgibt. Du hast die Funktion, zu unterstützen – *hinzuhören*, leise zu werden dort, wo es leise sein soll, und laut zu werden, wo Platz ist." Es kommt darauf an, sich auf den anderen im Team einzustellen, ihn aus der Reserve zu locken und ihm dadurch zu helfen, sich einzubringen: „Das ist absolut vergleichbar mit der Musik – wenn einer leise ist, muss ich als Schlagzeuger auch leise werden und kann ihn mit einer Dynamik zum lauter Werden bringen. Aber wenn ich über ihn drüber spiele, höre ich von ihm nichts mehr und der spielt auch nichts mehr."

Zuhören ist ein Ausdruck von Wertschätzung.

Wertschätzung kommt nur dann an, wenn sie ehrlich gemeint ist – und die Menschen haben dafür feine Wahrnehmungsorgane entwickelt.

Wolfgang Lakata. „Wertschätzung muss echt sein. Ich glaube, dass alles, was gespielt ist, durchschaut wird."

Es reicht auch nicht, einmal im Jahr ein paar nette Sachen zu sagen. Gerhard Graßegger: „Wichtig ist zu zeigen, dass der Mitarbeiter einen hohen Stellenwert für einen hat. Also nicht, dass man ihn zu Weihnachten einmal hätschelt, sondern der Mitarbeiter muss das Gefühl haben, dass man zu ihm Kontakt hat und dass das, was er sagt, ernst genommen wird und für den Vorgesetzten einen Wert hat."

Franz Peneder: „Es funktioniert nicht, wenn man erfolgreich sein will durch Wertschätzung, wenn diese nicht schon von innen da ist. Und wenn es eine aufgesetzte Wertschätzung ist, dann funktioniert es einfach nicht."

Wer sind wir?

Authentizität drückt das aus, was wir in unserem eigentlichen Wesen sind. Wenn wir mit der Grundeinstellung von Liebe und Wertschätzung für die Menschen durchs Leben gehen, dann brauchen wir da nichts zu verbergen.

Letztlich geht es darum, dass wir unsere Wahrheit leben. Wir werden selbst zu dem, was wir leben.

Franz Peneder: „Es geht ja in Wirklichkeit nicht darum, was wir erwirtschaften, sondern was wir letztlich werden durch das, was wir tun." Gerade in schwierigen Situationen ist es wesentlich, sich klar zu sein, wer man ist. Franz Peneder: „Ich bin überzeugt davon, dass man nach etwas Neuem suchen muss in einer Krise, aber man darf sich selbst nicht verraten."

7. Kapitel
Vision (6. Lebensebene)

Erfolgreiche Visionäre

Mahatma Gandhi hatte die Vision, Indien von der Kolonialherrschaft zu befreien und einen Staat zu gründen, in dem Hindus und Moslems friedlich zusammenleben. Der erste Teil wurde Wirklichkeit, der zweite Teil bisher nicht.

Henry Ford hatte die Vision, dass jeder Amerikaner ein Auto besitzt. Er setzte seine Vision in die konkrete Wirklichkeit um.

Nachdem wir wissen, dass es inzwischen zu viele Autos gibt, braucht es heute andere Visionen: Al Gore hat die Vision, die Umwelt zu retten und bekam dafür den Friedensnobelpreis. Damit ist ihm der erste erfolgreiche Schritt gelungen.

Steve Jobs hatte die Vision, den Mac-Computer zu bauen, der dem menschlichen Gehirn entspricht und mit dem alle gerne arbeiten. Wir alle arbeiten heute mit Computersystemen, die auf seinen Ideen basieren.

Professor Mohammed Yunus aus Bangla Desh hatte die Vision, eine Bank zu gründen, die es den Armen seines Landes ermöglichen sollte, mit Mikrokrediten kleine Unternehmen zu gründen, „um eine Welt ohne Armut zu erschaffen." Er gründete 1983 die Grameen Bank. Im Oktober 2007 hatte die Bank 7,34 Millionen Kreditnehmer. Und obwohl sie eine Bank der Armen ist, werden 98,5% der vergebenen Kredite wieder zurückbezahlt. (www.grameen-info.org) 2006 erhielt Prof. Yunus gemeinsam mit der Grameen Bank den Friedensnobelpreis.

Die Kraft der Unternehmensvision

Erfolgreiche Führungskräfte haben stets eine Vision, von der sie sich in allen ihren Entscheidungen leiten lassen. So kann der Leiter einer kleinen Abteilung die Vision von einem Powerteam haben – er führt damit seine Mitarbeiter zu exzellentem Engagement.

Im großen Maßstab kann der Vorstand eines Konzerns die Vision von weltweitem, exzellentem Kundenservice haben und damit das Unternehmen in eine weltweite Topposition führen, wie Thomas Sattelberger als Vorstand der Lufthansa.[12]

Claus Repnik: „Es ist die grundsätzliche Aufgabe einer Führungskraft, vorauszudenken und die Zukunft bis zu einem gewissen Grad schon einzufangen und dies den eigenen Mitarbeitern, aber auch dem Umfeld des Unternehmens mitzuteilen. ... Visionen haben große Auswirkungen: Vor 20 Jahren haben wir gesagt, irgendwann einmal werden wir einen Turm bauen, in dem wir unsere eigene Entwicklungsabteilung haben. Das war unsere Vision: ein gläserner Turm, in dem wir unsere Technologien und Produkte entwickeln. Damals hat noch kein Mensch daran gedacht, wir könnten die gesamte Entwicklung des Mutterkonzerns hierher bekommen. Und Schritt für Schritt ist es Wirklichkeit geworden! Wir haben die Konzern-Entwicklung bereits im Haus, und wenn man aus dem Fenster hinausschaut, da sieht man schon den gläsernen Turm, er ist demnächst bezugsfertig."

Visionen sind Leitlinien für die Mitarbeiter eines Unternehmens und können ein mächtiger Motivationsfaktor sein. Hans Dokulil: „Für mich ist es faszinierend, wie die Mitarbeiter reagieren, wenn man von Visionen spricht und ihnen gleichzeitig die Freiheit lässt, sich zu entwickeln und dort hin zu arbeiten."

Visionen verbinden oft Materielles mit Geistigem, und daraus kann etwas völlig Neues entstehen. Peter Kospach: „Meine große Vision ist Weiterentwicklung im Leben – etwas Organisches muss immer wachsen. ... Wachstum kann natürlich auch in eine andere Lebensebene gehen – nicht nur in die materielle, sondern in die geistige. Ich möchte unserem Haus wieder einen Inhalt, einen Sinn geben, das ist für mich ganz wichtig. Ich möchte das Unternehmen neu positionieren, um es auf die Veränderungen der Zukunft vorzubereiten. ... Ich möchte erreichen, dass man auch wegen der Menschen in unsere Therme kommt. Nicht, dass man nur sagt, das ist die beste und größte Therme, weil wir noch größere Saunen und noch mehr Becken haben – sondern deswegen, weil dies der beste Ort ist, der den Menschen Kraft und Energie gibt. Und da muss man dranbleiben, das muss langfristig aufgebaut werden, dass man die Energie spürt."

[12] Vgl. Geißler/Sattelberger, Management wertvoller Beziehungen.

Politiker, die etwas bewegen, lassen sich von Visionen leiten. Werner Gutzwar: „Ich lasse mich von der Vision leiten und habe vor, unsere Stadt in die Einserposition dieser Region zu bringen." Er will die Stadt nicht nur zum wirtschaftlichen Zentrum machen, sondern auch an eine alte Tradition anschließen und das Bildungswesen weiter ausbauen. Geleitet von seiner Vision hat die Stadt bereits zahlreiche Projekte erfolgreich verwirklicht.

Wesentlicher Teil einer Unternehmensvision sind die Grundannahmen, die Führungskräfte von den Mitarbeitern haben. Peter Malata drückt seine Grundannahmen so aus: „Ein Mitarbeiter ist grundsätzlich an seinem Arbeitsplatz interessiert. Wenn er an seinem Arbeitsplatz interessiert ist, dann versucht er die Arbeit möglichst gut zu machen. ... Eine falsche Entscheidung kann passieren, das ist kein Kündigungsgrund. Wenn man fahrlässig falsche Entscheidungen trifft, dann wird es kritisch, aber davon gehe ich ja nicht aus. Sondern ich gehe davon aus, dass der Mitarbeiter nach bestem Wissen und Gewissen handelt."

Die Vision eines Unternehmens wird häufig in einem Leitbild festgeschrieben. Dabei ist nicht das Glanzpapier wesentlich, auf dem dieses geschrieben steht, sondern, was in den Köpfen und Herzen der Menschen ist: Für wen sind wir da? Welchen unterscheidbaren Beitrag leisten wir für unsere Kunden? Was ist unsere Mission?

So wie jede Zelle des menschlichen Körpers die gesamte Erbinformation enthält, so sollte jeder Mitarbeiter auch dieses Bild in sich tragen und sich dafür engagieren. Dies kann jedoch nicht erzwungen werden.

Dazu wird er dann bereit sein, wenn das Leitbild beginnend beim Vorstand von allen Führungsebenen authentisch gelebt wird.

Das Leitbild bekommt dadurch Kraft, dass es für die Menschen im Unternehmen attraktiv ist. Dazu ein Kommentar von Dalai Lama: „Der Sinn des Lebens besteht darin, glücklich zu werden. Ein gemeinsames Leitbild – ein gemeinsamer Wunsch nach Glück – ist die Voraussetzung dafür, dass Menschen sich mit einer Organisation identifizieren."[13]

---

[13] Dalai Lama, Laurens van den Nuyzenberg, Führen, Gestalten, Bewegen. S. 94.

Das Wesen der Vision

Die Vision, die eine Person oder eine Gruppe hat, geht über die persönliche Grenze hinaus und ist verbunden mit etwas, das größer ist als der einzelne Mensch oder die einzelne Gruppe.

Die Vision ist eng verknüpft mit dem Sinn unserer Existenz und der Aufgabe, die wir für unser Leben, unseren Beruf haben. Menschen, die sich ihrer Vision bewusst sind und ihr folgen, sind mit ihrem ganzen Sein darauf ausgerichtet. Sie treffen bei der Verwirklichung ihrer Vision sehr wohl auf Hürden, nehmen diese als Herausforderung an und meistern sie erfolgreich.

Visionen haben große Fortschritte in der Geschichte der Menschheit bewirkt. Sie sind so etwas wie ein innerer Ruf, dem wir folgen. Die Vision bestimmt unsere Identität als Mensch und wir entwickeln Überzeugungen, die die Umsetzung der Vision unterstützen.

Menschen, die einer Vision folgen, sagen manchmal „Ich kenne zwar den Weg noch nicht im Detail, aber ich weiß, dass es der richtige für mich ist!" Sie lassen sich von ihrer Intuition führen und treffen manchmal lebensverändernde Entscheidungen, die andere in ihrem Umfeld in diesem Moment noch nicht begreifen, die jedoch auf Dauer zum Erfolg führen.

Diese Menschen sind von Zweiflern nicht beeinflussbar. Sie entwickeln den Mut, dran zu bleiben und alle notwendigen Schritte zur Umsetzung ihrer Vision zu tun. Sie spüren, was die nächsten Schritte sind und gehen anderen voran. Sie entwickeln sich mehr und mehr zu Führungspersönlichkeiten.

Etwas haben wollen ist noch keine Vision

Die persönliche Vision ist mehr als bloß ein Vorhaben oder ein Bild. Wenn jemand sagt: „Meine Vision ist, viel Geld zu besitzen", dann ist das einfach ein Ziel (3. Lebensebene) oder vielleicht bloße Gier. Es könnte auch ein „Nona-net–Ziel" sein – wer möchte denn nicht reich sein?

Ebenso ist das Ziel, Gewinne zu machen, noch keine Unternehmensvision. Laurens van den Nuyzenberg zitiert dazu Peter Drucker: „Ein Unternehmen lässt sich nicht über Gewinne definieren oder erklären. Auf die Frage, was ein Unternehmen ist, wird der typische Unternehmer vermutlich antworten: ‚Eine Organisation, die Gewinne erwirtschaftet'. Der typische Wirtschaftswissenschaftler wird eine ähnliche Antwort geben. Diese Antwort ist nicht nur falsch, sondern schlichtweg irrelevant. Genauer gesagt, ist das gesamte Konzept der Gewinnmaximierung bedeutungslos. Rentabilität ist nicht der Zweck eines Unternehmens, sondern ein Hindernis. Gewinn ist nicht die Erklärung, die Ursache oder die logische Grundlage für unternehmerische Entscheidungen, sondern die Überprüfung ihrer Richtigkeit. Der Zweck eines Unternehmens liegt außerhalb seiner selbst. Genauer gesagt, muss er in der Gesellschaft liegen, da ein Unternehmen eine gesellschaftliche Einrichtung ist."[14]

Der Dalai Lama drückt dies in einem Vergleich aus: „Gewinn ist ein ehrenwertes Ziel, solange er mit ehrlichen Mitteln geschaffen wurde. Die Aussage, dass die Aufgabe eines Unternehmens darin besteht, Gewinn zu erzielen, ist genauso sinnvoll, wie die Aufgabe eines Menschen darin besteht, zu essen oder zu atmen. Wenn ein Unternehmen Verlust macht, stirbt es, genau wie ein Mensch, der nichts mehr isst. Das bedeutet aber nicht, dass der Sinn des Lebens im Essen besteht."[15]

Visionen entstehen aus dem Innersten des Menschen heraus, als ein tiefes Anliegen. Sie sind möglich, wenn der Mensch mit dem großen Ganzen verbunden ist.

Die Vision nimmt positive Möglichkeiten auf, die „in der Luft liegen" und formt sie zu Bildern. Diese werden, sobald der entsprechende Plan gefasst und umgesetzt wird, zu Fakten, die die Welt verändern.

Visionen haben immer den überpersönlichen Aspekt in sich, für andere etwas beizutragen.

Visionäre können wohlhabend und reich werden, indem das, was sie für andere tun, bei diesen auch ankommt und zu einem finanziellen Rückfluss führt.

Sog statt Druck

„Unter Druck" zu arbeiten, ist etwas, das viele Menschen kennen und für völlig normal halten. Manche sagen sogar: „Ich kann nur produktiv werden, wenn ich Druck habe."

---

14 Dalai Lama, Laurens van den Nuyzenberg, Führen, Gestalten, Bewegen. S. 118 f

15 A. a. O. S. 120.

29,2% aller Erwerbstätigen und sogar 39% der hochqualifizierten Erwerbstätigen gaben laut Statistik Austria an, durch Zeitdruck belastet zu sein[16].

Viele sehen die verschiedenen Arten von Druck als notwendige Opfer, die man dem Erfolg bringen muss. Sie glauben gar nicht daran, dass es etwas anderes als Druck gibt – es sei denn, man liegt auf der faulen Haut und verzichtet auf Erfolg.

Die meisten von uns haben spätestens in der Schule gelernt, unter Druck zu arbeiten. Es ging ja darum, *kein* Nichtgenügend zu schreiben, *keinen* Fehler bei der Mathematikaufgabe zu machen. Diese Art von Pädagogik widerspricht allen Erkenntnissen der heutigen Psychologie und Gehirnforschung (siehe Kasten 4).

Wenn Druck im Spiel ist, dann geht es darum, etwas Schlimmes zu vermeiden. Z. B. steckt hinter Termindruck die Angst, nicht zum vorgegebenen Termin fertig zu werden und Pönale zahlen zu müssen. Hinter Kostendruck steckt die Angst, durch zu hohe Kosten in die Verlustzone, vielleicht gar in den Konkurs zu rutschen.

Das Denken ist also durch Angst getrieben, und dies ist zweifellos einer der größten Stressauslöser. Wirtschaftlich betrachtet, ist Arbeit unter Druck mit großen Reibungsverlusten verbunden, die sowohl die Gesundheit des Einzelnen als auch das Ergebnis des ganzen Betriebes mindern.

Was ist dann die Alternative zum Druck?

Es ist die Begeisterung für die Aufgabe und das angestrebte Ergebnis der Arbeit. Wie organisieren Sie Ihren Traumurlaub? Sie schauen Prospekte durch, recherchieren im Internet, lesen Reiseführer und besprechen sich mit Freunden. Und für all diese Anstrengungen bekommen Sie nichts bezahlt!

Sie haben das Reiseziel vor Ihrem inneren Auge, und wie geht es Ihnen dabei? Sie spüren die Freude fast so, als ob Sie schon dort wären! Allein das innere Bild erzeugt einen *Sog* bei Ihnen, motiviert Sie zu all diesen Vorbereitungsaktivitäten!

Wie wäre eine Arbeitswelt, in der die Menschen mit der gleichen Begeisterung arbeiten, mit der sie ihren Urlaub planen und organisieren?

---

16 Statistik Austria, Gesundheitsrisiko Arbeitsplatz: Belastungsfaktoren, Gesundheitsbeschwerden und Arbeitsunfälle

Kasten 4

Lernen mit Angst oder mit Freude?

Emotionen spielen beim Lernen eine große Rolle. Angst bewirkt rasches Lernen, aber eingeengt auf die betreffende Situation. So werden wir die Hand sofort von der heißen Herdplatte nehmen, sobald wir Schmerz spüren. Wir werden auch das nächste Mal nicht mehr auf dieselbe heiße Herdplatte greifen.

Angst verhindert jedoch Kreativität und behindert komplexe Denkprozesse, wie z. B. die Verknüpfung von neuen Inhalten mit bereits Bekanntem und die Anwendung des Gelernten auf neue Situationen.

Ein Angst auslösender visueller Reiz (z. B. ein gefährliches Tier) nimmt folgenden Weg: Die visuelle Information wird zum **Thalamus** geleitet und von dort zum **visuellen Cortex** (Sehzentrum in der Großhirnrinde) zur Verarbeitung. Bevor die eingehende Verarbeitung des Reizes abgeschlossen ist, wird eine schlechte Schwarz-Weiß-Kopie vom Thalamus an die **Amygdala** (Mandelkerne) geleitet, die sofort den Körper auf Flucht oder Kampf vorbereitet: Puls, Blutdruck und Muskelspannung werden gesteigert. Die Reaktion der Amygdala läuft automatisch ab und ist schneller als das bewusste Denken im Cortex, um in Gefahrensituationen schnell zu reagieren und dem Organismus das Überleben zu sichern. Angst bringt den Körper und den Geist in Richtung Überlebensstrategie. Sie führt zu einem Denkstil, der gelernte Routinehandlungen erleichtert und das kreative Assoziieren erschwert. So z. B. weiß der Feuerwehrmann bei Brandalarm ohne lange Überlegung, was er genau zu tun hat, da er es vorher oft trainiert hat. Er wird aber während des Einsatzes kaum darüber nachdenken, wie er das nächste Feuerwehrfest gestaltet.

Emotionen spielen auch beim Speichern und Abrufen von neutralen Inhalten eine Rolle. Neutrale Inhalte, die in einem negativen Zustand gelernt werden, werden über die **Amygdala** gespeichert. Werden diese Inhalte jedoch in einem positiven Zustand gelernt, dann erfolgt die Speicherung über den **Hippocampus.**

Dies hat zur Folge dass beim Erinnern an die betreffenden Inhalte gleichzeitig jene Emotionen mit abgerufen werden, die beim Einspeichern vorherrschten: Wurden die Inhalte unter Angst gelernt, so entsteht beim Erinnern Angst – das Denkvermögen verengt sich, u. U. hin bis zum Blackout. Wurden die Inhalte in einem Klima von Freude gelernt, so entsteht beim Abrufen Freude – Kreativität und gestaltendes Denkvermögen weiten sich aus.*)

*) Vgl. Spitzer, Lernen S. 157–173; Spitzer, Nervensachen S. 93–96; Spitzer, Nervenkitzel S. 63–82.

Das ist eine Welt, in der Druck durch Sog ersetzt ist. Die Menschen sind nicht getrieben durch Angst, sondern sie engagieren sich für eine gemeinsame Vision und arbeiten an deren Verwirklichung.

Franz Peneder erklärt, was eine erfolgreiche Führungskraft verwirklichen sollte: „Sie muss das Thema „Wo gehen wir hin“ anders aufbereiten und anders leben – es geht, kurz gesagt, darum Druck durch Sog zu ersetzen.“ Er zitiert Saint Exupèry (Der kleine Prinz): „Wenn Du ein Schiff bauen willst, so trommle nicht Männer zusammen, um Holz zu beschaffen, Werkzeuge vorzubereiten, die Arbeit einzuteilen und Aufgaben zu vergeben, sondern lehre die Männer die Sehnsucht nach dem endlosen weiten Meer.“

Wenn ein Mensch durch Sog bewegt ist, dann entsteht Begeisterung, wenn Begeisterung da ist, dann entsteht Fluss. Wenn ein ganzes Team im Fluss ist, dann bringt es auf eine leichte, elegante Art exzellente Ergebnisse.

Druck erzeugt Stress, Sog erzeugt Freude. Das menschliche Gehirn ist mit Freude einfach produktiver!

Hier kommen wir wieder zurück zur Wertschätzung für den Menschen: Wertschätzung erzeugt Sog.

Peter Kospach: „Wertschätzung ist ein Punkt, der auch mit gegenseitiger Achtung und Liebe zu tun hat und in einem Umfeld mit Liebe wird man sicher besser und leichter arbeiten. Es gibt da ja zwei unterschiedliche Ansätze. Der erste Ansatz geht in Wirklichkeit nur über Druck – dass man da zu keinem Ende kommt, das wissen wir mittlerweile. Also werden wir es wieder mit der anderen Seite erreichen, das heißt mit Liebe, Aufmerksamkeit, Zuwendung.“

Beitrag des Unternehmens zur gesellschaftlichen Vision

Für Martin Essl ist wichtig, dass sein Unternehmen nicht nur Gewinn macht, sondern auch einen Beitrag leistet für die gesamte Gesellschaft. Ein solches Anliegen ist es, zum Schutz des Weltklimas Energie zu sparen. Essl: „Wir haben eine Initiative begonnen, die heißt: „Energie sparen – Geld sparen“. Wir haben angefangen, indem wir vor der eigenen Haustüre kehren. Im Sinne einer Win-Win-Situation nutzen wir das sowohl für unser Unternehmen, als auch zum Wohl unserer Kunden und Mitarbeiter. Damit die Welt besser atmen kann! bauMax hat seinen Energiebedarf durch den Einsatz neuster Technologien schon jetzt um 20% reduziert. Außerdem haben wir ein neues

Warenverteilzentrum geschaffen und die Logistik geändert. Damit konnten wir die Kilometerleistung um nahezu 50% reduzieren."

bauMax hat in jedem Markt eigens ausgebildete Energieberater und bietet für Kunden kostenlose Energieberatungen an.

Das Unternehmen leistet noch andere Beiträge zu gesellschaftlichen Visionen: So fördert die Familie Essl zeitgenössische Kunst und sieht es als Aufgabe, sich sozial zu engagieren. Viele dieser Projekte bringen dem Unternehmen keinen unmittelbaren Gewinn, aber sie schaffen einen Fluss von Geben und Empfangen. Martin Essl erwähnt in diesem Zusammenhang ein Bibelzitat (Maleach 2, 10), in dem Gott seinen Segen zusichert, wenn man ihm den zehnten Teil seines Vermögens gibt.

8. Kapitel
Einssein (7. Lebensebene)

Auf der 7. Lebensebene sind wir verbunden mit der höheren Intelligenz. Die verschiedenen Religionsgemeinschaften und Kulturen haben verschiedene Namen dafür geprägt: Gott, Allah, Buddha, Krishna, ... Manche sprechen von der Intelligenz des Universums oder des Kosmos. Andere fühlen sich einfach mit der Natur oder mit dem unendlichen nächtlichen Sternenhimmel verbunden.

Wir achten die Vielfalt und Verschiedenheit der Weltanschauungen und Religionen – in diesem Buch wollen wir uns nicht auf eine bestimmte Richtung beziehen, sondern auf das, was die Menschen verbindet. Uns geht es auch nicht um eine Institution, sondern um das innere Erleben von Menschen.

Abraham Maslow hat bei vielen einflussreichen Persönlichkeiten seiner Zeit und der Zeit davor recherchiert. Er hat herausgefunden, dass viele dieser Menschen, die mit beiden Füßen im Leben standen, „Grenzerfahrungen" oder mystische Erfahrungen hatten.[17]

Wir wollen hier das Wort „Einssein" verwenden, weil dieses Wort relativ neutral ist. Wenn wir hier über Einssein schreiben, ergänzen Sie dies bitte mit Ihren eigenen Worten und Bildern, die Ihrer persönlichen Erfahrung und Weltanschauung entsprechen.

Mit sich und der Welt im Einklang

Wenn Sie einen herrlichen Sonnenuntergang in den Bergen erleben ... Ein Wissenschaftler könnte exakt beschreiben, welche Wellenlänge das rosa Licht des Abendrots hat. Ein Geologe könnte Ihnen erzählen, aus welchen chemischen Elementen die Berge bestehen, die Sie gerade sehen.

Und dennoch: Da gibt es noch mehr, etwas, das in Worten nicht mehr beschreibbar ist, etwas, das wir ganz tief drinnen in uns erfahren können ...

Hubert erlebte an einem Sonntag bei einer Wanderung, wie sich Einssein zeigen kann: „Wir waren gerade auf dem Rückweg vom Seewaldsee, der in den Salzburger Voralpen liegt. Rechts neben uns war ein steiler Wiesenhang. Wir

[17] Vgl. Abraham H. Maslow, Motivation und Persönlichkeit, S. 195 f

sahen die Sonne über dem Untersberg im zarten Abendrot untergehen. Auf einmal deutete meine Frau den Hang rechts hinauf und sagte nur: „Schau!" Ich sah etwa 50 m oberhalb von uns ein altes Bergbauernhaus, davor saßen auf einer Holzbank nebeneinander die Bäuerin und der Bauer. Sie mussten schon zwei Weltkriege erlebt haben. Im Sitzen stützten sie sich auf ihre Stöcke und man sah ihrem Körper an, dass sie in ihrem Leben schon viel gearbeitet hatten. Sie, die schon viel erlebt hatten, saßen still nebeneinander und blickten in den Abendhimmel über den Bergen. Als ich hinblickte, spürte ich auf einmal den Frieden und das Einssein, das von ihnen ausging. Ich wusste, was meine Frau gemeint hatte. Wir nickten einander zu, ohne ein Wort zu sagen. Die Kraft ihres Einsseins hatte sich auf uns übertragen und wir fühlten, dass etwas in uns selbst damit in Resonanz gegangen war."

Die Religionen haben im Laufe von tausenden Jahren dafür aus den jeweiligen Kulturen Worte und Symbole entwickelt. Gleichzeitig erkannten Mystiker – im Christentum, im Islam, im Buddhismus und in anderen Religionen – dass das *Eigentliche* in Worten und Bildern nicht wirklich beschreibbar ist.

Das *Eigentliche* ist unsagbar.

Die 7. Lebensebene ist da, wo wir alle Gegensätze überwunden haben. Wir sind im Einklang mit dem, was ist, ohne Neid, Missgunst, Rachegefühle, ohne Angst und Sorgen.

Auf der 7. Lebensebene sind wir mit uns, mit der Welt, mit den Menschen, mit Licht- und Schattenseiten im Einklang. Der innere Krieg hat aufgehört. Wir „wissen", dass alles einen Sinn hat, auch wenn wir nicht jedes Detail verstehen.

Gleichzeitig sind wir nicht abgehoben, sondern völlig in der Gegenwart. Wir sind in Fluss mit dem, was gerade ist. Wir haben uns mit dem Materiellen wie mit dem Geistigen auseinander gesetzt. Wir haben die Herausforderungen des normalen Lebens angenommen und in unsere Persönlichkeit integriert, einschließlich der Spannungsfelder und Konflikte. Wir stehen mit beiden Füßen auf dem Boden. Das Leben wird einfach und mühelos. Es fällt uns leicht, auch mit schwierigen Menschen liebevoll umzugehen. Wir erleben in der Welt, wie sie hier und jetzt ist, Freude und Liebe.

Diesen Zustand zu verwirklichen, ist ein Entwicklungsweg:

Erst erleben wir da und dort eine Ahnung des Einsseins, es fühlt sich gut an, wir denken uns: das wäre schön. In den Kämpfen des Alltags verlieren wir dieses Gefühl wieder, Zweifel kommen auf. Mit zunehmender Reife können wir das Einssein öfter erleben. Es verdichtet sich immer mehr und kann schließlich zur Gewissheit werden.

Was hat Einssein mit Erfolg zu tun?

Vielleicht finden manche die letzten Zeilen sehr abgehoben. Es ist etwas, über das viele in der Öffentlichkeit nicht sprechen. Und gleichzeitig ist es der geistige Hintergrund so mancher erfolgreicher Unternehmer und Führungskräfte.

Auch einige unserer Interviewpartner ließen uns einen Blick in Ihre Welt tun.

Peter Kospach: „Ich brauche natürlich einen Zugang zu einer höheren Instanz, aber ich brauche keinen Guru, der mir das erklärt. Viele Menschen waren für mich schon sehr beeindruckend, wie sie es leben, mit welcher Konsequenz sie das machen, was sie machen und mit was für einer Liebe sie das machen. Wir brauchen eine höhere göttliche Instanz, um uns zu entwickeln. Es gibt auch kein anderes Ziel, als hier zu leben und sich im Rahmen seiner Möglichkeiten zu entwickeln. Es kann ja kein Ziel sein, dass ich am Ende sage, jetzt habe ich um einige tausend Euro mehr oder weniger. Die persönliche Weiterentwicklung ist das einzige Ziel, für das es sich lohnt hier zu leben. Wie man es macht, ob man das über eine erfolgreiche Karriere in der Wirtschaft erreicht oder ob man das über einen spirituellen Weg macht oder über die Kunst – das ist eigentlich ganz egal. Es geht um die persönliche Weiterentwicklung."

Martin Essl sieht die christliche Weltanschauung und Ethik als Grundlage seiner Unternehmenskultur:

„Wir wollen mit unserem Geschäftsmodell den Beweis antreten, dass nachhaltiges Wirtschaften unter Berücksichtigung

- der Würde des Menschen
- des effizientest möglichen Einsatzes von Ressourcen,
- des Teilens von volkswirtschaftlichen Leistungen mit Kunden, dem Unternehmen, unseren Mitarbeitern, unseren Geschäftspartnern und
- der Unterstützung der Gesellschaft im Bereich der Kunst und der Förderung von Menschen mit besonderen Bedürfnissen

letztlich erfolgreicher, sinnstiftend und viel befriedigender für uns selbst, unsere Mitarbeiter und unser Unternehmen ist."

Darin sieht er die Verwirklichung des christlichen Grundsatzes „Liebe Gott und Deinen Nächsten wie auch Dich selbst."

Einssein ist nicht diskutierbar

Das, worum es auf der 7. Lebensebene geht, ist letztlich nicht in Worten formulierbar und daher auch nicht diskutierbar. Es ist ein Bereich, der eigentlich nur intuitiv erfassbar ist. Man kann versuchen, Erfahrungen durch Worte und Bilder anzudeuten.

Gerade Menschen, die im Beruf hohe Verantwortung tragen, suchen als Gegenpol die Stille. Manche Klöster bieten solche Tage der Stille an und haben regen Zulauf. In der Stille findet der Mensch zum Einssein zurück und schöpft neue Kraft für die bewegte Welt.

Sicher kann man Einssein nicht in einem Unternehmen „einführen", es wird letztlich immer etwas sehr Persönliches bleiben.

Was man zeigen kann, ist, dass diese Lebensebene für manche Menschen für ihren Erfolg und ihr Glück eine maßgebliche Rolle spielt.

Jeder wird da für sich die für ihn stimmige Entscheidung treffen.

9. Kapitel
Die 7 Lebensebenen im Zusammenwirken

Damit Liebe – die 4. Lebensebene – in ihren verschiedenen Formen im realen Leben gelebt werden kann, muss sie in einer organischen Beziehung zu den darunter und darüber liegenden Lebensebenen stehen.

Die unteren Ebenen bilden die Basis für die darüber liegenden Ebenen. Die oberen Ebenen bewirken einen Sog auf die darunter liegenden Ebenen.

1.–3. (materielle Existenz, Position/Sicherheit, Zielorientiertes Gestalten/Management) Lebensebene bilden, wenn sie richtig entwickelt sind, eine tragende Basis, auf der die Liebe – 4. Lebensebene – wachsen kann.

Sind die Lebensebenen 5.–7 (Authentizität/Leadership, Vision, Einssein) gut entwickelt, so geben sie der 4. Lebensebene Richtung, Klarheit und authentischen Ausdruck. Sie üben einen Sog auf die 4. Lebensebene aus.

Zwischen den Lebensebenen besteht eine Vielzahl von wechselseitigen Wirkungen.

Jede Lebensebene hat ihre besondere Aufgabe zu erfüllen

Keine der 7 Lebensebenen ist an sich „gut" oder „schlecht".
Worauf es ankommt, ist, dass jede Lebensebene die ihr entsprechenden Aufgaben erfüllt. So sind die Mittel der 3. Lebensebene geeignet für die Gestaltung technischer und organisatorischer Abläufe. Wollte man jedoch menschliche Beziehungen „technisch" gestalten, dann würde die 3. Lebensebene versagen. So können z. B. technisch hoch entwickelte Kommunikationssysteme die Beziehungen zwischen Menschen unterstützen, aber nicht ersetzen. Für erfolgreiche menschliche Beziehungen braucht es Wertschätzung, Achtung, Partnerschaft, Liebe – also die 4. Lebensebene.

Gleichzeitig kann die 4. Lebensebene nicht für sich allein existieren, sie braucht die darunter liegenden Ebenen. Wenn es einen Mangel auf einer der unteren Lebensebenen gibt, wird die 4. Lebensebene schwer zu entwickeln sein: Ein Mensch, der von Existenzängsten geplagt ist, wird mit seiner Aufmerksamkeit auf die 1. Lebensebene fixiert und für so etwas wie Liebe und Partnerschaft nicht offen sein.

Besonders weit entwickelte Persönlichkeiten können auch dann noch für Liebe offen sein, wenn ihre Existenz gefährdet ist – aber das ist wohl die Ausnahme.

Volle Entfaltung: Fülle auf jeder Lebensebene

Wer im täglichen Kampf vollständig mit den unteren 3 Lebensebenen beschäftigt ist, hat keine Energie mehr für die Lebensebenen 4 und darüber. Die oberen Ebenen werden nur schwach entwickelt sein. Dieser Mangel führt dazu, dass dem Menschen Liebe, Verbundenheit und Sinn in seinem Leben fehlen.

Wer sich anderseits nicht um seine materielle Existenz, um seinen Platz und ums Funktionieren seiner Angelegenheiten kümmert, mag vielleicht große Visionen haben (6. Lebensebene), aber die Realität des Lebens wird ihn bald einholen und ihn schmerzhaft auf die unteren 3 Ebenen zurück holen.

Das Leben eines Menschen ist dann in voller Entfaltung, wenn alle Ebenen in ihrer ganzen Fülle und in all ihren Möglichkeiten entwickelt sind. Dann steht der Mensch mit beiden Beinen gut auf dem Boden, gleichzeitig hat er die Verbindung „nach oben". Er erlebt materielle und geistige Fülle, er ist mit dem Leben verbunden und sein Leben bekommt Sinn.

Das Gleiche gilt für das Unternehmen: Es muss Gewinn abwerfen, das Überleben des Unternehmens muss gesichert sein, die Produktionsprozesse müssen funktionieren (Lebensebenen 1 bis 3), gleichzeitig braucht es Wertschätzung und Teamarbeit, sowie Leadership und eine Unternehmensvision (Lebensebenen 4–6).

Das Leitbild beinhaltet die oberen Lebensebenen als Vision, Mission und Werte des Unternehmens (dabei ist das praktisch gelebte Leitbild entscheidender als das auf Hochglanzpapier gedruckte). Der Unternehmenserfolg stellt sich dann ein, wenn Vision, Mission und die entsprechenden Werte durch ein tatkräftiges Management auf den unteren Lebensebenen praktisch umgesetzt werden. Die erfolgreiche Umsetzung stärkt wiederum Vision, Mission und Werte, usw., so dass das Unternehmen sich nachhaltig in einer Positivspirale nach oben bewegt.

Äußerer und innerer Mangel Wenn man über Mangel spricht, so verstehen die meisten Menschen darunter, dass jemandem etwas abgeht, z. B. Nahrung, Sex, Geld, Freunde.

Es kann jedoch jemand äußerlich in Fülle leben und trotzdem das Gefühl haben, zu wenig zu bekommen. Dann befindet er sich äußerlich im Überfluss, innerlich leidet er jedoch Mangel.

Hubert berichtet von einem alten Freund: „Er war in der Zwischenkriegszeit, als viele arbeitslos waren, in einem Arbeiterviertel von Berlin aufgewachsen. In diesen Zeiten der Not litten er und seine Geschwister oft Hunger. Der Mangel an Nahrungsmitteln war real (1. Lebensebene). Viele Jahre später, als das Wirtschaftswunder längst aufgeblüht war und es genug zu essen gab, überkam ihn immer noch die Angst, er könnte verhungern. Äußerlich hatte er längst genug zu essen, innerlich litt er noch immer Mangel. Sein Nervensystem reagierte so wie in den Tagen der Kindheit."

Es gibt eine Knappheit in der äußeren Welt, z. B. wenn nichts zu essen da ist.

Es gibt ebenso eine Knappheit in der inneren Welt: wenn wir *glauben*, dass zu wenig da ist. Dieser Glaube kann bewusst oder unterbewusst sein.

Wenn wir glauben, dass wir keinen sicheren Platz im Team oder in der Familie haben, dann entsteht Mangel auf der 2. Lebensebene, verbunden mit der Angst, aus der Gemeinschaft ausgeschlossen zu sein.

Und: Jeder Mensch will lieben und geliebt werden! Und die meisten Menschen glauben, dass sie zu wenig davon haben. Das ist Mangel auf der 4. Lebensebene.

Mangel erzeugt Angst – Angst blockiert unser Denken und Handeln.

Fülle erzeugt Zuversicht und Freude – Zuversicht und Freude erzeugen Fluss.

Wenn der Glaube an den Mangel unser Denken blockiert, laufen wir Gefahr, im Sinne einer selbst erfüllenden Prophezeiung unbewusst Situationen herbeizuführen, in denen wirklich zu wenig da ist.

So wird derjenige, der glaubt, dass ihn alle Menschen betrügen wollen, in einer Menge von Leuten immer jene sehen, die betrügerische Neigungen haben. Er wird vorzugsweise mit solchen Menschen in Kontakt kommen, die ihn betrügen wollen. Und des Öfteren wird es diesen Gaunern gelingen, ihn hereinzulegen. Somit bestätigt sich die Überzeugung dieses Menschen, dass die Menschheit betrügerisch ist. Sein innerer Mangel hat sich im Äußeren bewahrheitet. Er hat einen Mangel an ehrlichen Partnern, mit denen er vertrauensvoll zusammenarbeiten kann – die ehrlichen Menschen hat er leider übersehen.

So verbirgt sich oft hinter einem äußeren Mangel ein innerer Mangel.

Subtiles Mangelbewusstsein Wenn ich z. B. einen Mangel an Geld habe und ich kämpfe *gegen* diesen Mangel an – dann bin ich mit meinem Bewusstsein noch immer im Mangel. Ich will mehr von dem bekommen, was mir im Moment knapp erscheint. „Solche Überzeugungen unterbinden und blockieren äußerst wirksam unsere Fähigkeit zur Manifestation."[18] Der Kampf gegen den Mangel kann schon Erfolge bringen, aber er ist mit großen Mühen verbunden, weil wir gegen Befürchtungen ankämpfen.

Einfacher ist es, wenn wir uns *für* die Fülle engagieren. Worum es dabei geht: dass wir innerlich *jetzt* schon in den Zustand gehen, in dem alles, was wir wollen und was uns wichtig ist, reichlich vorhanden ist. Mit diesem Bewusstsein führen wir unsere täglichen Geschäfte mit 100 Prozent Einsatz aus. Wir halten nicht krampfhaft an unseren Zielen fest, sondern lassen sie los und lassen uns die Ergebnisse zufallen.

Die Botschaft lautet: lebe innerlich in der Fülle, geh in Kontakt mit der Welt und lass zu, dass sich diese Fülle im Äußeren manifestiert.

Kompensation ist keine nachhaltige Lösung Jeder, der einen Mangel spürt, versucht, diesen zu beheben. Eine häufig angewandte Methode ist die Kompensation. Wenn jemand glaubt, nicht genug Ansehen zu genießen, kauft er sich vielleicht ein besonders dickes Auto, um dem Nachbarn zu imponieren. Wenn er dann beim Nachbarn vorbei fährt, blickt er verstohlen hin, ob dieser auch recht neidisch dreinschaut. Doch der Besitz eines dicken Autos (2. Lebensebene) kann das tiefe Bedürfnis jedes Menschen, geliebt zu werden, nie befriedigen. Es kann vielleicht Genugtuung geben, wenn der Nachbar sich ärgert, aber keine Befriedigung. Das Bedürfnis nach Liebe bleibt unerfüllt.

---

[18] Colin C. Tipping, Vom Herzenswunsch zur Realität, S. 22

Manche Menschen können nicht aufhören zu essen, obwohl sie schon Übergewicht haben. Obwohl sie bereits eine Überfülle an Nahrung zu sich genommen haben, glauben sie im Unterbewusstsein, dass sie zu wenig haben. Sie hoffen, endlich genug zu haben, indem sie noch mehr Nahrung zu sich nehmen. Schokolade kann ihren inneren Mangel nicht beheben.

Jede Form von Sucht ist Zeichen von Mangel.

Innere und äußere Fülle Derjenige, der überzeugt ist, dass er genug hat und immer genug haben wird, lebt in innerer Fülle. Er ist sich sicher: „Für mich ist gesorgt. Ich bin geleitet und ich bin geliebt!" Mit dieser Einstellung bewegt er sich durch die Welt und geht auf Menschen zu. Er ist bereit, zu geben und zu empfangen.

Wenn wir in der Fülle leben, dann verfügen wir über einen Energieüberschuss. Wir haben mehr Energie, als wir für unser Überleben brauchen. Mit diesem Überschuss können wir unser Leben gestalten und verbessern. Mit jeder Verbesserung wird unser Überschuss noch größer usw.

Je mehr freie Energie wir haben, umso erfolgreicher werden wir in unserem Beruf sein, umso mehr Geld werden wir verdienen. Die innere Fülle führt im Ergebnis auch zu äußerer Fülle.

Das gilt nicht nur für den Einzelnen, sondern auch für Unternehmen: Der Überschuss stellt sich rechnerisch als Gewinn dar. Der Gewinn wird in neue Produktionsmittel und in das Potenzial der Menschen investiert. Daraus resultiert wieder mehr Gewinn, der wieder investiert werden kann usw. Die Spirale bewegt sich nach oben, zu mehr und mehr Fülle auf allen Lebensebenen.

Fülle im Inneren – im Bewusstsein oder Unterbewusstsein des einzelnen Menschen, wie auch in der Kultur eines Unternehmens – erzeugt einen Sog in Richtung Erfolg, der die Tendenz hat, Fülle im Außen hervorzubringen.

Fülle im Inneren ermöglicht Liebe als innere Einstellung, die sich in wertschätzendem Verhalten anderen Menschen gegenüber zeigt.

Jede Lebensebene hat 6 Aspekte

Entsprechend den „logischen Ebenen“ nach Robert Dilts[19] hat jede Lebensebene 6 Aspekte:

1. Das Umfeld
   Soziale Systeme, Markt, Technik, natürliche Umwelt, ...

2. Menschliches Verhalten
   Das Verhalten, das durch einen externen Beobachter wahrnehmbar ist

3. Fähigkeiten
   Fachliche und soziale Fähigkeiten

4. Werte- und Glaubenssystem
   Mit Glaubenssystem ist nicht ein religiöser Glaube gemeint, sondern Glaubenssätze über sich selbst, die Menschen und die Welt. Z. B. „Die Menschen sind faul – sie müssen zur Arbeit gezwungen werden“ oder: „Menschen sind motivierbar, wenn sie fair behandelt werden und den Sinn ihres Beitrages erkennen“

5. Identität
   Wer bin ich? Vater, Mutter, Mitarbeiter, Führungskraft, Erfolgsmensch, Versager, ...

6. Spiritualität
   Die Verbindung mit dem größeren Ganzen

So kann z. B. die 3. Lebensebene folgende Aspekte haben:

1. Umfeld: zu optimierende Arbeitsabläufe

2. Menschliches Verhalten: zielorientiertes Handeln

3. Fähigkeiten: Analytisches Denken, technisches Know How

4. Werte- und Glaubenssystem: „Die Dinge müssen funktionieren, um das Ziel zu erreichen“

5. Identität: Manager, Technokrat

6. Spiritualität: Technik als Beitrag zur Entwicklung der Menschheit

[19] Robert Dilts, Modeling mit NLP, S. 198 ff.

Dependence – Independence – Interdependence

Diese Begriffe kommen aus der amerikanischen humanistischen Psychologie. Wir haben die englischen Worte belassen, da sie plakativer sind als die deutschen.

Dependence (Abhängigkeit) 2. Lebensebene
Der Mensch macht seine Handlungen von den Überzeugungen und dem Verhalten anderer abhängig, die mächtiger scheinen als er. So ist das Kleinkind völlig abhängig von seinen Eltern. Der Leibeigene ist abhängig vom Grundherren.

Wenn das Kind größer wird und in die Pubertät kommt, erlebt es die Abhängigkeit mehr und mehr beengend, ja schmerzhaft. Es ist ein notwendiger Schritt zum erwachsen Werden, sich von der Abhängigkeit zu befreien.

Independence (Unabhängigkeit) 3. Lebensebene
Der Jugendliche kämpft darum, von der schmerzlichen Abhängigkeit befreit zu werden. Das Motto der Unabhängigkeit ist: „I do it my way!" „Ich brauche die anderen nicht. Ich weiß, was ich will und das erreiche ich alleine." Rebellion ist ein Merkmal dieser Phase. Alles scheint machbar zu sein, wenn man nur nicht mehr durch andere beschränkt ist. Dies ist die Grundüberzeugung des in unserer Kultur vorherrschenden Individualismus. Persönlicher Erfolg ist alles. Irgendwann merkt man allerdings, dass man einsam geworden ist, dass die menschlichen Beziehungen fehlen. Geben und Nehmen sind nicht in einem natürlichen Gleichgewicht. Viele fallen an diesem Punkt ins Burn-out.

Der letzte, zynische Versuch, die Unabhängigkeit zu behaupten, ist die innere Kündigung. Man kann das bei Menschen beobachten, die eigentlich keinen Sinn mehr in ihrem Job sehen, aber auch keine Chance, etwas anderes, Sinnvolles zu tun. Innere Kündigung heißt: „Ich kann zwar körperlich von hier nicht weg, aber ich ziehe mich in meine eigene Welt zurück, sodass keiner mehr an mich herankommt."

Interdependence (gegenseitiges Zusammenwirken, Partnerschaft) 4. Lebensebene
Mir wird bewusst, dass ich als ganzer Mensch letztlich nur *gemeinsam* mit anderen erfolgreich sein kann. Ich suche Beziehungen, jetzt aber nicht mehr in Abhängigkeit, sondern „auf gleicher" Augenhöhe. Mehr und mehr finde ich Partner. Mehr und mehr gibt es Wertschätzung, Achtung, Kooperation

und andere Ausdrucksformen von Liebe. Das Leben wird befriedigender und erfolgreicher.

Der Schritt zur höheren Lebensebene geschieht nicht automatisch

Die Entwicklung von einer Lebensebene zur anderen ist in der Regel kein kontinuierlicher, linearer Prozess. Vielmehr ist dieser Entwicklungsprozess begleitet von Vorpreschen und Stopps, von Fluss und Stagnation, von Erfolgen und Krisen, von Schritten vorwärts und rückwärts. Die überwiegende Tendenz ist vorwärts.

So geschieht es auch einem Unternehmen, das die 3. Lebensebene voll ausgebildet hat: Es gibt eine klare Ordnung, die Produktionsprozesse sind professionell optimiert. Eine technisch-organisatorische Denkweise herrscht in diesem Unternehmen vor.

Allerdings will kein richtiger Teamgeist aufkommen. Die meisten Spezialisten behalten ihr Wissen für sich und teilen es nicht mit anderen. Man will sich „unersetzbar" machen. Innovationen werden zwar entwickelt, aber in mittelmäßigem Tempo. So etwas wie Begeisterung kommt nicht wirklich auf.

Schließlich kommt die Unternehmensleitung zu dem Schluss, dass man den Teamgeist heben sollte.

Die erste Reaktion ist: „Mehr desselben!": Die schon bisher angewandten Methoden werden verstärkt eingesetzt. Man versucht z. B., das Prämiensystem zu verfeinern. Die Marketing- und Werbeabteilung wird für internes Marketing eingesetzt: In der Betriebszeitung wird vermehrt über „Teamarbeit" geschrieben, man betont, dass „das Team gewinnt" und „der Mensch im Mittelpunkt" stehe. Bei Weihnachtsansprachen heißt es: „Wir sind alle ein Team".

Die Führungskräfte erhalten die zusätzliche Aufgabe, „Human Engineering" zu betreiben. Die Mitarbeiter hören zwar die Worte, aber sie bekommen im Umgang mit ihren Führungskräften nicht das Gefühl, dass sie wirklich als Menschen geschätzt werden – wie der Ausdruck „Engineering" schon sagt.

Dies sind Schritte, um Menschen technokratisch zu motivieren und zu gewinnen – sie bleiben vorerst auf der 3. Lebensebene. Diese Vorgangsweise kann durchaus Verbesserungen bringen, der Durchbruch bleibt jedoch aus.

Durch Evaluation der Ergebnisse erkennt die Unternehmensleitung, dass viele Maßnahmen erst dann zu 100% greifen können, wenn die Mitarbeiter in jede Veränderungsmaßnahme mit einbezogen werden, so dass sie sich mit ihrer Meinung ernst genommen fühlen. Nun beginnt ein intensiver Kommunikationsprozess zwischen Unternehmensleitung, den weiteren Führungsebenen und den Mitarbeitern. Dies wird von allen als menschliche Wertschätzung erfahren. Der Veränderungsprozess erstreckt sich über mehrere Jahre, Schritt für Schritt kommt man gemeinsam auf die 4. Lebensebene. Rückblickend betrachtet, hat das Unternehmen damit einen qualitativen Sprung geschafft.

Dieser Sprung auf die 4. Lebensebene ist jedoch nicht zwingend. Manche Unternehmen schaffen es früher, manche später, manche schaffen es gar nicht. Dies hängt stark von einzelnen Führungspersönlichkeiten und deren individuellen Überzeugungen ab, aber auch von den äußeren Bedingungen. Manchmal ist es der Unternehmer oder der Vorstandsvorsitzende, der den Prozess in Gang bringt. Manchmal ist es ein Produktions- oder Abteilungsleiter, der mit seinem Team eine neue Kultur des Miteinanders entwickelt.

Die stärkste Wirkung entsteht, wenn der Veränderungsprozess von der obersten Führungsebene ausgeht und bis zur Basis durchdringt.

Die Entwicklung nach oben ist eine evolutionäre Tendenz

Die biologische Evolution von den Anfängen des Lebens, von Pflanzen zu Tieren und schließlich bis zum Menschen hat sich in vielen Millionen Jahren in unregelmäßigen Sprüngen vollzogen. Jene Arten, die sich im Gesamtzusammenhang natürlicher Kreisläufe bewährt haben, haben überlebt. Jene Arten, die sich nicht die erforderlichen Existenzmittel verschaffen konnten oder die ihre eigene Lebensgrundlage zerstört haben, sind ausgestorben.

Das derzeit letzte Produkt der biologischen Evolution ist der Mensch – und er hat eine neue Art von Evolution hervorgebracht, die viel schneller vor sich geht: die *kulturelle Evolution*. Im Laufe der Geschichte können wir eine starke Veränderung der Gesellschaften beobachten – der Wirtschaftsformen, des Zusammenlebens, der Wissenschaft, der Technologien usw., obwohl sich das biologische Erbgut der Menschen im Laufe von zehntausenden Jahren kaum verändert hat.

Die Geschwindigkeit der Veränderung hat sich in den letzten Jahrzehnten noch beschleunigt. So verdoppelt sich das Wissen der Menschheit innerhalb weniger Jahre.

Je schneller die Veränderungen vor sich gehen, umso mehr neue Probleme entstehen und fordern der Menschheit neue Lösungen ab.

Wie Albert Einstein sagte, ist ein Problem nie auf derselben Stufe zu lösen, auf der es auftritt. „Unser Denken schafft Probleme, die wir auf der gleichen Denkebene nicht zu lösen vermögen."[20] „Um die Probleme zu lösen, die auf einer bestimmten Denkebene entstanden sind, müssen wir uns auf eine andere Ebene begeben."[21]

Indem die Menschheit sich bei der Problemlösung auf eine höhere Ebene begibt, vollzieht sie den Prozess geistiger Evolution.

Das Modell der 7 Lebensebenen ist eine Landkarte für diese evolutionäre Entwicklung. Die Entwicklung schreitet nicht kontinuierlich voran, sondern in Sprüngen. Sie geht durch Krisen, bewegt sich weiter, fällt zeitweise wieder zurück, wird wieder durch Barrieren gestoppt, dann gibt es wieder einen Durchbruch usw. Sie ist von kleinen und großen Dramen, manchmal auch Katastrophen, begleitet. Kulturen und Gesellschaften, die sich der Veränderung widersetzen, gehen früher oder später unter, neue entstehen.

Die Menschheit wäre heute imstande, z. B. durch Klimaveränderungen, ihre eigene Lebensgrundlage zu zerstören und sich selbst als Art auszulöschen.

So ist heute die Fähigkeit der Menschen – als Individuen und gemeinsam als ganze Menschheit – die anstehenden evolutionären Veränderungen zu vollziehen, von existenzieller Bedeutung für deren Überleben.

Die Entwicklung von der 3. auf die 4. Lebensebene ist ein derartiger evolutionärer Schritt. Um die Probleme zu lösen, die uns betreffen, ist der Schritt von der bloßen Technokratie zur Partnerschaft unverzichtbar. Wir brauchen Wertschätzung, wir brauchen Liebe, um Partnerschaft zu verwirklichen und gemeinsame Lösungen zu finden.

---

[20] A. Einstein, zit. nach Robert B. Dilts, Einstein. Geniale Denkstrukturen & Neurolinguistisches Programmieren, S. 57

[21] Robert B. Dilts, a. a. O., S. 57

Wir als Trainer nehmen in unserer Arbeit eine Sehnsucht der Menschen nach Wertschätzung, Partnerschaft und Liebe wahr. Viele Menschen spüren diese Sehnsucht, glauben jedoch noch immer, dass die Realität des Arbeitsalltages hart und beschwerlich sein muss. Wenn der „Ernst des Lebens" wieder einbricht, dann sei es mit Liebe vorbei, dann käme die knallharte Wirklichkeit und man könne alle „Träume" vergessen.

Tatsächlich sind heute die materiellen und technischen Voraussetzungen dafür gegeben, dass die Menschen weltweit friedlich als Partner zusammen leben und arbeiten könnten. Was es jetzt braucht, ist der Schritt nach vorne im menschlichen Bewusstsein, hin zu Kooperation, Wertschätzung und Liebe.

Die Erfahrungen unserer Interviewpartner und weitere ermutigende Beispiele zeigen, dass dies in der Praxis möglich ist.

Die 4 Arten der Macht

Was ist Macht Das deutsche Wort „Macht" ist mit „machen" verwandt. Macht kann man als die Fähigkeit betrachten, etwas zu bewirken, zu verändern, zu etwas fähig sein.

Macht kann darin bestehen, dass die Interessen und der Wille vieler Menschen gebündelt werden, um etwas Konstruktives zu gestalten. Macht kann auch darin bestehen, anderen gegen deren Willen etwas aufzuzwingen. Macht kann einen Staat zum Blühen bringen. Auf der anderen Seite kann die Macht einer parasitären Clique ein ganzes Land in den Ruin treiben.

Für viele Menschen ist Macht mit negativen Bewertungen verbunden. Wo Macht ist, da sei auch der Machtmissbrauch nicht mehr fern.

„Power" versus „Force" David Hawkins[22] verwendet diese beiden englischen Worte, um zwischen zwei verschiedenen Arten von Macht zu unterscheiden. Mit „Power" bezeichnet er echte Autorität, verbunden mit innerer Stärke. „Force" hingegen bedeutet Druck, Gewalt, Zwang.

---

[22] Die Ebenen des Bewusstseins, S. 6

Je nachdem, welche Art von Macht der Vorgesetzte anwendet, reagieren Mitarbeiter entweder

- mit Achtung vor der Macht als etwas Notwendiges, Sinnvolles, Legitimes und Erwünschtes (Reaktion auf Power)
  oder mit
- äußerlicher Fügung, um keine Schwierigkeiten zu bekommen, verbunden mit innerer Ablehnung, bis hin zur inneren Kündigung (Reaktion auf Force).

Jemand, der Macht hat, kann das Verhalten anderer Menschen beeinflussen, er kann über materielle Güter verfügen.

Macht ist in Verruf geraten, da sie dazu verleitet, missbraucht zu werden.

Jedoch ist Macht eine Kraft, die wir brauchen, um die Welt zu gestalten. Wollen wir etwa die Umwelt wieder in Ordnung bringen, so brauchen wir dazu Macht.

Die Frage stellt sich: Welche Art von Macht benötigen wir, damit unsere Welt Zukunft hat?

Wir unterscheiden 4 Arten von Macht:

Die Macht der körperlichen Gewalt – 1. Lebensebene In Zeiten, als körperliche Kraft der Menschen die entscheidende Rolle für das Überleben der Horde spielte, war es natürlich, dass der körperlich Stärkste die Führungsrolle innehatte. Wie konnte man feststellen, wer körperlich am stärksten ist? Durch Kampf zwischen den erwachsenen Männern!

So hat auch in vielen Kulturen über Jahrtausende hinweg der Mann Macht über die Frau ausgeübt, einfach dadurch, dass er körperlich stärker war.

In den Gesellschaften der Jäger und Sammler, Krieger und Bauern war die körperliche Kraft ausschlaggebend für das erfolgreiche Führen der Waffe und des Pfluges. In unserer Wirtschaft jedoch ist die Bedeutung körperlicher Arbeit zurückgegangen, damit ist in den letzten Jahrzehnten die körperliche Kraft zweitrangig geworden. Heute können Frauen Führungspositionen einnehmen, auch wenn sie noch immer auf Hindernisse überkommener Traditionen stoßen. Gewalt gegen Frauen gibt es zwar noch immer, aber sie ist mehr und mehr gesellschaftlich geächtet.

Die Macht der Position – 2. Lebensebene Dies ist die ererbte oder erkämpfte Macht des Feudalherren, der Grund und Boden sowie Nutzvieh und Saatgut besitzt. Kraft des Grundeigentums ist er Herr über die dazu gehörigen Leibeigenen. Hier geht es um das Revier, die Macht der Herkunft, die angestammte Position.

Im Unternehmen spricht man von patriarchalischem Führungsstil: Der Patriarch beruft sich auf seine Position, er erwartet Gehorsam von seinen Untertanen, aber er gibt ihnen auch Schutz.

„Seilschaften" versuchen – oft erfolgreich – durch Absprache untereinander Reviere zu schaffen und zu verteidigen. Sie bringen die Macht der Beziehungen zur Geltung.

Wenn es um die Positionsmacht geht, dann wird Macht nicht eingesetzt, um ein Ziel für das größere Ganze zu erreichen. Sondern Macht wird eingesetzt, um die Macht abzusichern. Dabei ist die Macht selbst das Argument.

Die Gestaltungsmacht – 3. Lebensebene Dies ist die Macht des Managers, der „die Schalthebel der Macht" bedient. Er verfügt über „Apparate", über Technologien einschließlich Finanztechnologien. Er arbeitet mit Manipulation.

Wichtig geworden ist die Macht des Wissens. Weiters die Macht der Funktion (nicht der Position).

Hier erkennt man den Technokratischen Führungsstil: Es werden Ziele vorgegeben. Der Mächtige argumentiert mit sachlichen Notwendigkeiten, mit den Kosten, mit dem Markt, mit den technischen Gegebenheiten. Auf menschliche Befindlichkeiten kann nicht Rücksicht genommen werden.

Macht wird eingesetzt, um Ziele zu erreichen.

Die Macht des Herzens – 4. Lebensebene Dieser Mächtige übernimmt die Führung, indem er für andere da ist. Er nimmt die Herzensanliegen der Menschen wahr, spricht sie an und vermittelt seine eigenen Herzensanliegen mit voller Kraft.

Der Mensch, der aus dem Herzen handelt, unterstützt andere dabei, ebenfalls ihre Herzensanliegen zu verwirklichen. So geben ihm die Menschen freiwillig Autorität und er gewinnt Einfluss.

Die Macht der 4. Ebene verfolgt auch Ziele, aber es sind Ziele des Herzens.

Die Macht der 4. Lebensebene wird unterstützt durch die

5. Lebensebene – Leadership und Authentizität Die Führungskraft ist glaubwürdig und hat natürliche Autorität

und durch die

6. Lebensebene – Vision Der Visionär vermittelt den anderen seine Vision und begeistert sie dafür. Er schafft damit Sinn für die Menschen.

3 Die praktische Umsetzung

1. Kapitel
Die Transformation der Emotionen

Die emotionale Herausforderung

„Um die Erfahrung großer Liebe zu entdecken, musst du deine Einstellung aufgeben, dich vor Emotionen zu schützen.“[23]

Liebe ist kein bloßes Konzept, Liebe kann nicht einfach rational abgehandelt werden. Liebe, die bloß im Kopf entsteht, wäre unecht und gekünstelt.

Liebe, wie auch echte Wertschätzung, ist mit Gefühlen und Emotionen verbunden.

Wir erleben als Trainer oft mit, dass Menschen mit klaren Zielen in eine Situation hineingehen, sich dann aber ganz anders verhalten als beabsichtigt, weil ihnen die Emotionen durchgehen. Ehrlich gesagt, ist uns selbst das auch schon passiert.

Es ist nicht ausreichend, Wertschätzung oder Liebe einfach zu „planen“. Wertschätzung und Liebe sind nur dann authentisch und kraftvoll, wenn sie in Übereinstimmung mit unseren Emotionen fließen.

Im Wort „Emotion“ steckt derselbe Wortstamm drin, wie in „*Mot*or“ oder „Loko*mot*ive“. Emotionen sind etwas, das genauso wie ein Motor oder eine Lokomotive „Bewegung“ in unser Leben bringt. Emotionen sind das, was

[23] Chuck & Lency Spezzano, Beziehungskunst, Führungskunst, Spiritualität. S. 186

das Leben lebendig, faszinierend und bewegend macht. Emotionen sind das, was uns die Kraft zum Erfolg gibt.

Emotionen werden aber nicht immer positiv gesehen. Wenn wir von jemandem sagen: „Der ist emotional geworden“, dann meinen wir meistens Emotionen wie Wut, Groll oder vielleicht Trauer. Es handelt sich also um negative Emotionen.

Wenn dann jemand sagt: „Nur nicht emotional werden!“, dann meint er, dass man Empfindlichkeiten, Konflikt und Streit hintanstellen und stattdessen über die Sache reden solle.

Der Begriff der Emotionen ist also häufig negativ besetzt.

Erfolg und Glück in unserem Leben sind jedoch ganz stark mit positiven Emotionen verbunden. So braucht auch Liebe positive Emotionen, wie Wohlwollen, Sympathie, Freude und menschliche Verbundenheit.

Gerhard Graßegger auf die Frage, ob man so etwas wie Liebe zum eigenen Beruf braucht: „Ja, das braucht man, denn wenn einem der Beruf keine Freude mehr macht, dann wird man auch nicht erfolgreich sein.“

Wir brauchen Freude an dem, was wir tun und Freude am Kontakt mit den Menschen, mit denen wir zusammenleben und arbeiten.

Hans Dokulil: „Für mich ist das Businessleben wesentlich einfacher geworden, weil meine Mitarbeiter mit Freude arbeiten.“

Im beruflichen Bereich sind freundliche Beziehungen emotional von Wertschätzung und menschlicher Achtung geprägt.

Im privaten Bereich kann sich in einer Partnerschaftsbeziehung Liebe sehr emotional zeigen und bis hin zu Ekstase steigern.

Der Umgang mit positiven und negativen Emotionen stellt uns oft vor große Herausforderungen. Der gute Umgang mit unseren emotionalen Licht- und Schattenseiten ist von entscheidender Bedeutung dafür, dass wir in unserem Leben Erfolg und Glück verwirklichen.

Wozu brauchen wir Emotionen?

Emotionen sind wie das Salz in der Suppe. Wie wäre unser Leben, wenn wir zwar denken und handeln könnten aber nicht fühlen? Spontan würden wir wahrscheinlich antworten, dass wir auf negative Gefühle ohne Weiteres verzichten könnten. Aber wie sieht es mit den positiven Gefühlen aus? Würden wir auf Freude, Glück, etc. verzichten, um Angst nicht erleben zu müssen?

Wenn wir tief in uns hinein spüren, dann merken wir, dass wir Freude und Glück erleben wollen.

Daniel Goleman berichtet von einem Juristen, dem ein Gehirntumor im Bereich des Frontallappens entfernt wurde. Die Operation war „erfolgreich". Jedoch erlebte seine Persönlichkeit eine sonderbare Veränderung: Während er vorher erfolgreicher Rechtsberater in einer Firma war, konnte er sich nach der Operation in keiner Stellung mehr halten. Seine Frau verließ ihn, schließlich verarmte er völlig und musste unter tristen Verhältnissen dahinvegetieren.

Das Sonderbare daran war: „Seine eigene Situation machte ihm keinen Kummer". Er konnte so unberührt über seine Lebenssituation sprechen, als ob ihn das gar nichts anginge. Er hatte keine Gefühle mehr. Er begann, „wie ein Computer zu denken, konnte in einem Entscheidungskalkül jeden einzelnen Schritt vollziehen, war aber außerstande, den differierenden Möglichkeiten *Werte* zuzuweisen." Obwohl sein logisches Denkvermögen tadellos funktionierte, war er unfähig, selbst in einfachen alltäglichen Situationen Entscheidungen zu treffen. Durch die Operation war die Verbindung zu seinem emotionalen Zentrum verloren gegangen.[24]

Das Leben wäre ohne Emotionen nicht nur langweilig, sondern wir könnten ohne Emotionen keine Entscheidungen treffen und wären damit völlig unfähig, *erfolgreich* zu sein.

Beim gesunden Menschen gibt es keinen Lebensbereich, an dem nicht Emotionen beteiligt sind.

Was sind Emotionen?

Emotionen sind mehr als nur Gefühle. Zu den Emotionen gehören Gefühle, aber auch Gedanken und Handlungen sowie physiologische Reaktionen des Nervensystems und des ganzen Köpers.

---

[24] vgl. Daniel Goleman, Emotionale Intelligenz, S. 74 f

Emotionen sind eine Reaktion auf einen inneren oder äußeren Auslöser. Auslöser für eine bestimmte Emotion kann alles sein. Wenn ich Angst bekomme, kann diese Angst entstehen durch das, was ich sehe, durch ein bestimmtes Geräusch, durch die Nähe von jemandem, der auf mich bedrohlich wirkt. Die Angst kann auch ausgelöst werden durch meine Gedanken und Fantasien oder durch einen Albtraum.

Was immer uns begegnet hat je nach persönlicher Geschichte mehr oder weniger Bedeutung für uns. Bei Menschen, die Schlimmes erlebt haben und traumatisiert sind, genügt oft schon ein für andere unbedeutender Reiz, um sie in eine massive Angstreaktion zu stürzen.

So reagieren z. B. Menschen in New York, die die Terroranschläge vom 11. September 2001 miterlebt haben noch immer panisch, wenn sie Flugzeuggeräusche über der Stadt hören.

Kinder, die viel geschlagen wurden, reagieren mit abwehrender Handbewegung, wenn sich ihnen jemand nähert. Sie können in dieser Situation nicht mehr unterscheiden, ob sich diese Person freundlich oder aggressiv nähert.

Ein Mensch, der sich selbst in einem innerlich ruhigen, emotional positiven Zustand befindet, kann einem anderen Menschen, der in negativen Emotionen gefangen ist, aus diesen heraushelfen, so dass er in einen guten emotionalen Zustand kommt.

Elisabeth erlebte als Pädagogin, wie die liebevolle Zuwendung des Erwachsenen ein Kind beruhigen kann. Sie berichtet:

„Es ging um eine Situation mit einem extrem verhaltensauffälligen Schüler in einer 1. Klasse Volksschule. Dieses Kind war bekannt dafür, dass es ohne Vorwarnung völlig auszuckte. Die Lehrer konnten nicht erkennen, was genau diesen Extremzustand auslösen konnte – war es ein bestimmter Tonfall, ein bestimmtes Wort, eine bestimmte Bewegung, ein bestimmtes optisches Signal oder einfach Zufall? Sicher war nur, dass es nicht eine bestimmte Person war, denn er zuckte bei unterschiedlichen Bezugspersonen aus. Eines Tages kam ich im Zuge meiner pädagogischen Beratungstätigkeit in die Klasse, um einen anderen Schüler zur Betreuung abzuholen. Dabei erlebte ich, wie dieser Bub gerade wieder anfing, sich mehr und mehr in der Aggressionsspirale hinaufzuschrauben. Er sekkierte ein anderes Kind und ignorierte die mehrmalige Aufforderung der Lehrerin, dieses Kind in Ruhe zu lassen. Er gab freche Antworten, schimpfte auf die Kinder und die Lehrerin und igno-

rierte jegliche Anordnung. Kurzerhand entschied ich mich, einzugreifen. Ich ging zu ihm hin und sprach ihn völlig ruhig und gleichzeitig bestimmt an. Daraufhin begann er von einer Sekunde zur anderen völlig überfallsartig wie wild zu schreien, zu toben, auf mich zu treten und zu spucken. Ich blieb innerlich total ruhig und im Zustand der Wertschätzung und Liebe und hielt ihn einfach fest. Dabei schaute ich ihm ohne Unterbrechung in die Augen und sprach absolut nichts. Worte hätten in diesem Moment die Wirkung abgeschwächt und wären sowieso nicht bei ihm angekommen. Anfangs versuchte er sich loszureißen, schrie noch mehr und bot alle Kraft auf mich zu treten und anzuspucken – das war der kritische Punkt. Hier war die Herausforderung für mich als Erwachsene, im Zustand der Ruhe, Wertschätzung und Liebe zu bleiben, einfach nur da zu sein und völlig absichtslos das Kind zu halten. Jede negative Emotion beim Erwachsenen würde augenblicklich einen Machtkampf auslösen und das Halten würde beim Kind bedeuten „ich bin festgehalten, meiner Freiheit beraubt und bedroht". Bleibt der Erwachsene jedoch in seiner Harmonie und Zentriertheit, dann ist das Halten ein Gehaltenwerden, es gibt dem Kind Halt und hilft ihm sich wieder zu fangen. Dieser Bub tobte ca. zehn Minuten mit aller Kraft weiter. Ich schaute ihm unentwegt in die Augen und hielt ihn. Nach einigen Minuten begann ich langsam, monoton und leise immer wieder folgenden Satz zu sagen: ‚Du kannst jetzt aufhören'.
Dabei ging es nicht um den Inhalt des Satzes, sondern um den Tonfall und den Ausdruck des Wohlwollens in der Stimme. Langsam ließ sein Kampf nach und genauso augenblicklich, wie das Auszucken begonnen hatte, hörte es plötzlich auch wieder auf. Es war, als ob man einen Schalter umgelegt hätte. Er schaute mich plötzlich auch freundlich an und war bereit mit mir aus der Klasse zu gehen.
Dann war es möglich mit ihm zu reden. Diese Extremsituation hat eine gute Beziehung zwischen ihm und mir möglich gemacht. Er kam zu dem Schluss, dass ich seine ‚Freundin' sei und wann immer ich ihm begegne, kommt er auf mich zu und nennt mich seine Freundin.
Das extreme Verhalten des Auszuckens wie damals trat nie wieder auf."

In solchen Situationen ist wichtig, dass man zwischen dem unakzeptablen Verhalten und dem Menschen selbst unterscheidet. Das Verhalten ist nicht in Ordnung, die Person aber ist wertvoll und liebenswert.

Einfühlungsvermögen: die Spiegelneurone

In der Psychologie führt man dieses Eingehen auf das problematische Kind auf die Empathiefähigkeit des Erwachsenen zurück. Joachim Bauer zeigt in seinem Buch „Warum ich fühle, was du fühlst" auf, welche Rolle die Spiegelneurone in unserem Erleben der Umwelt, in unseren Interaktionen und Gefühlsreaktionen spielen.

Kasten 5

Spiegelneurone

Spiegelneurone sind Nervenzellen des Gehirns, die über besondere Fähigkeiten verfügen.

Sie wurden an der Universität Parma von Giacomo Rizzolati und seinem Forscherteam entdeckt, als diese an Affen die Gehirnaktivität bei Planung und Durchführung von zielgerichteten Handlungen untersuchten.

Beim Menschen werden Spiegelneurone bereits aktiviert, wenn dieser nur über eine zukünftige Handlung spricht oder diese visualisiert. Die Spiegelneurone vermitteln dem Menschen, die mit dieser Handlung verbundenen Gefühle, obwohl die Handlung noch gar nicht ausgeführt ist.

Spiegelneurone haben eine weitere Fähigkeit, die für die Kommunikation ganz wichtig ist: Sie lassen einen Menschen fühlen, was ein anderer Mensch fühlt.

„Spiegelneurone benutzen das neurobiologische Inventar des Beobachters, um ihn in einer Art innerer Simulation spüren zu lassen, was in anderen, die er beobachtet, vorgeht. Die Spiegelresonanz ist die neurobiologische Basis für spontanes, intuitives Verstehen ... Sie ist nicht nur in der Lage, bei der in Beobachterposition befindlichen Person Vorstellungen anzuregen, Gedanken und Gefühle hervorzurufen, sie kann unter bestimmten Voraussetzungen auch den biologischen Körperzustand verändern."*)

Spiegelneurone feuern spontan bei jeder Wahrnehmung in Bezug auf den anderen. Die stärkste Aktivität tritt auf, wenn eine Person die Handlung der beobachteten Person simultan imitiert.

Durch Angst, Anspannung und Stress wird die Signalrate der Spiegelneurone reduziert. Damit reduziert sich gleichzeitig die Fähigkeit zur Einfühlung in andere.

Das Resonanzphänomen der Spiegelneurone ist die neurologische Basis für intuitives Verstehen und Empathie.**)

*) J. Bauer: Warum ich fühle, was du fühlst S. 56.
**) Vgl. A.a.O. S. 18–56.

Bauer meint, dass die Ausbildung der Fähigkeit zur Empathie sehr stark davon abhängt, dass die Spiegelneurone, die das Mitgefühl möglich machen, durch Erfahrungen geformt werden. Das bedeutet, dass Kinder, die nicht erleben, dass Bezugspersonen auf ihre Gefühle eingehen, diese Fähigkeit sehr schwer entwickeln können. Interessant in diesem Zusammenhang ist auch, dass sie die Voraussetzungen dafür bis zum 3. Lebensjahr entwickeln. Eine bereits vorhandene Empathiefähigkeit kann durch soziale Traumata, z. B. durch Gewalterlebnisse wieder beeinträchtigt werden.

Die entwickelte Resonanzfähigkeit ermöglicht es uns, das eigene Verhalten zu reflektieren. Denn wenn wir uns in den anderen hineinversetzen und dessen Perspektive erkennen können, dann können wir auch erkennen, was unser Verhalten beim anderen auslöst.

Die emotionale Resonanzfähigkeit eines Menschen ermöglicht die Kommunikation und Interaktion mit anderen.

Ist sie fundamental gestört, dann kann sie pathologische Züge annehmen und bis zum Autismus führen. Studien dazu (z. B. von Theoret und Kollegen) zeigen, dass es sich dabei um eine Störung der Spiegelsysteme handelt[25]. Autistische Kinder leben in einer eigenen isolierten Welt und lassen andere keinen Zugang zu ihnen finden. Sie selbst finden umgekehrt ebenfalls keinen Zugang zu anderen.

Kein Mensch lebt jedoch in der Realität alleine auf einer Insel, sondern jeder bewegt sich in vielen verschiedenen sozialen Systemen, die jeweils unterschiedliche Werte und Verhaltenscodes haben.

In der heutigen Welt brauchen wir Resonanzfähigkeit: Je weiter Vernetzung und Globalisierung fortschreiten, umso mehr unterschiedliche und neue Situationen in Beziehung mit anderen und mit uns selbst erleben wir. Wir müssen uns ständig auf neue, bisher unbekannte Begegnungen einstellen und diese verarbeiten.

Dies schaffen wir nur, wenn wir unser Einfühlungsvermögen entwickeln. Gleichzeitig erfordert es die Fähigkeit, mit den Emotionen gut umzugehen, die das Einfühlen in andere bei uns selbst auslöst.

---

[25] Vgl. A.a.O. S. 73.

Wie laufen emotionale Prozesse ab?

Versetzen Sie sich in eine Situation in Ihrem Leben, in der Sie so richtig schön wütend waren:

Wie werden Körper und Nervensystem reagieren? Der Pulsschlag wird sich beschleunigen, Ihr Blutdruck wird ansteigen, Ihre Gesichtsfarbe wird sich in Richtung Rot verändern. Sie werden ein schlechtes Gefühl haben. Verschiedene Gedanken werden Ihnen durch den Kopf rasen – Interpretationen, Erinnerungen, Erfahrungen, die zur Bewertung der Situation führen. Vielleicht spüren Sie den Impuls, zuzuschlagen oder denken sich: „Am liebsten würde ich den umbringen!"

Unsere eigene Bewertung färbt die Fakten, die wir mit unseren Sinnesorganen wahrnehmen. Im obigen Fall löst sie die Angriffsreaktion aus, die mit dem Gefühl der Wut verbunden ist. Der Körper macht sich zum Kampf bereit.

Das Gehirn hat die Mandelkerne (Amygdala) aktiviert und damit auf die Überlebensstrategie „Kampf" umgeschaltet. Das bewusste Denken ist ausgeschaltet. Der Mensch befindet sich auf der 1. Lebensebene.

Emotionen schaffen Handlungsprioritäten

Landläufig werden Emotionen als Gegensatz zur Vernunft betrachtet und gelten als Hindernis für die Arbeit unseres Geistes. Diese Betrachtungsweise übersieht wichtige Aspekte. Emotionen führen zu unseren Bewertungen, sie färben eine Situation positiv oder negativ. Diese Bewertungen entscheiden darüber, welche Reize, die auf uns einstürmen, weiterverarbeitet werden und welche unter der Wahrnehmungsschwelle bleiben. Diese Selektion ist eine Leistung der Emotionen.

Emotionen sind ständig in unterschiedlichen Ausprägungen von Qualität und Stärke vorhanden und begleiten und beeinflussen unser Denken und Handeln. Sie wirken auf unsere Merkfähigkeit und unsere Erinnerungsleistungen ein.

Inhalte, die mit unterschiedlichen emotionalen Qualitäten verbunden sind, werden in unterschiedlichen Gehirnregionen gespeichert und mit unterschiedlicher Priorität verarbeitet:

Kasten 6

Wirkung von Emotionen auf die Gehirnphysiologie

Auf unser Gehirn treffen in jeder Sekunde unzählige Reize, die verarbeitet werden wollen. Aber nicht alle können verarbeitet werden. Daher brauchen wir einen Prozess, der die eingehenden Signale bewertet und entscheidet welche weiter verarbeitet werden. Das ist die Leistung der Emotionen.

Bei **positiven Emotionen** zeigt sich die Aktivität während des Einspeicherns im Bereich des **Parahippocampus,**

bei **Emotionen, die Gefahr signalisieren,** zeigt sich eine Aktivierung der **Amygdala** (Mandelkerne).

Neutral bewertete Reize werden nicht weiter bearbeitet.

Emotional **negativ bewertete Reize** signalisieren eine Gefahrensituation und werden mit höchster Priorität an die Amygdala weiter geleitet. In der folgenden Reaktionskette entstehen Angstreaktionen, einschließlich körperlicher Veränderungen wie Erhöhung des Blutdrucks, Erhöhung des Adrenalinspiegels usw. Nervensystem und Körper werden für Kampf oder Flucht vorbereitet.

Emotional **positiv bewertete Reize** werden im Belohnungssystem verarbeitet. Hier wird bei der Aktivierung Dopamin freigesetzt. Wird das Dopamin direkt im Cortex (Großhirnrinde) freigesetzt, kann es zu mehr Klarheit im Denken führen. Im Nucleus accumbens dagegen aktivieren die dopaminergen Fasern Nervenzellen, die Neuropeptide (endogene Opioide) ausschütten. Das sind körpereigene Stoffe, die opiatähnliche Wirkung entfalten und uns ein positives Gefühl vermitteln. Sie wirken belohnend – das ist für die Motivation wichtig – und haben eine Türöffner-Funktion für die Informationsverarbeitung. Das Dopaminsystem ist nur für „Belohnung" zuständig, die das Resultat „besser als erwartet" hat, bei Bestrafung springt es nicht an.*)

*) Vgl. Spitzer, Nervensachen. S. 93–96, vgl. Spitzer, Lernen. S. 174–199.

Als **gefährlich** bewertete Reize werden bevorzugt behandelt – es kann ja ums Überleben gehen. Dies hat unseren Vorfahren im Urwald beim Überleben geholfen, indem sie auf gefährliche Situationen schnell reagiert haben.

Als **positiv** bewertete Reize werden mit zweiter Priorität verarbeitet und zwar im Belohnungssystem.

Reize, die **keine besondere Bedeutung** haben, werden nicht weiter verarbeitet.

Daraus ergibt sich eine wichtige Schlussfolgerung: Positive Emotionen können erst dann zur Wirkung kommen, wenn das Umfeld als vertrauenswürdig – und damit nicht gefährlich – interpretiert wird. Freude an der Arbeit ist nur in einer vertrauenswürdigen Umgebung möglich. Liebe und Wertschätzung schaffen dieses Vertrauen.

Um in einem Team zu einem Klima gegenseitiger Wertschätzung und konstruktiver Zusammenarbeit zu gelangen und dieses aufrecht zu erhalten, ist es erforderlich, vorhandene Ängste, Verletzungen, Ärgernisse zu klären und damit negative Emotionen, die dem Unterbewusstsein ja Gefahr signalisieren, zu entkräften. Dann ist und bleibt „die Luft rein" und der Weg frei für kraftvolles Zusammenwirken.

Durch eine Kultur, in der es laufend eine offene Aussprache gibt, wird sicher gestellt, dass sich keine hinderlichen Emotionen ansammeln können. Dies ist auch ein wesentlicher Aspekt für die Motivation.

Diese Aussagen sind nicht nur kongruent mit den Ergebnissen der aktuellen Gehirnforschung, sie haben auch Konsequenzen für den Unternehmenserfolg.

Dazu Peter Kospach: „Es ist etwas ganz Wichtiges, dass sich Mitarbeiter wohlfühlen. Und es wird in Zukunft, das weiß man aus der Zukunftsforschung, nicht schwer sein, einen Job zu finden, es wird eher schwierig werden Mitarbeiter zu finden. Es wird für Unternehmen, die sich mit Wertschätzung beschäftigen und auseinandersetzen, viel leichter werden gute Mitarbeiter zu finden."

Wenn sich die Arbeitswelt für die Mitarbeiter emotional stimmig anfühlt, dann sind sie auch bereit, sich für das Unternehmen einzusetzen. Wolfgang Vlk führt ein praktisches Beispiel an: „Wir haben uns unseren Freizeitbereich im Büro eingerichtet ... Wir finden immer wieder Zeit zu entspannen zwischendurch, wobei da auf die Zeit nicht geschaut wird, weder beim Feiern noch beim Arbeiten. Und anderseits wird auch um 10 Uhr in der Nacht gearbeitet, wenn Not am Mann ist."

Ausdruck und Unterdrückung von Emotionen

Emotionen sind, wie oben gezeigt, mit physiologisch nachweisbaren Veränderungen im Nervensystem und im Körper verbunden. Sie zeigen sich unweigerlich unserem Gegenüber in unserer nonverbalen Sprache (Körperhaltung, Mimik, Gestik) und in der Stimme (Tonlage, Sprechrhythmus, Modulation, Geschwindigkeit etc.)

Paul Ekman, der anerkannte Forscher auf dem Gebiet des Gesichtsausdrucks, weist auf Grund umfassender Untersuchungen nach, dass weltweit sieben grundlegende Ausdrucksformen, unabhängig von der Kultur, als folgende sieben Emotionen erkannt werden:
Freude, Überraschung, Ärger, Ekel, Furcht, Trauer, Verachtung.[26]

Ekman weist aber daraufhin, dass nur die grundlegenden Emotionen universell sind. Daneben gibt es viele kulturelle Unterschiede im Ausdruck von Emotionen, die von kulturellen Tabus, Grenzen, Werten, Vorschriften, Gewohnheiten abhängen. Unterschiede im beobachtbaren Ausdruck einer Emotion sagen nichts über die tatsächliche Intensität und das Vorhandensein einer Emotion aus. Jemand, der nicht weint, weil es ihm seine Kultur verbietet, kann dennoch durchaus traurig sein. Seine kulturellen Grenzen hindern ihn daran, diese Emotion zum Ausdruck zu bringen, und er muss sie verdrängen.

Zimbardo[27] zeigt dazu ein bemerkenswertes Beispiel auf: Es handelt sich dabei um zwei unterschiedliche Kasten in Senegal, bei denen die Macht- und Statusunterschiede genau definiert sind. Die hohe Kaste muss den Ausdruck von Emotionen in engen Grenzen halten, die niedrige Kaste (die Griots) dürfen impulsiver sein.

„Eines Nachmittags stand eine Gruppe von Frauen (etwa fünf Ehrwürdige und zwei Griots) in der Nähe eines Brunnens am Rande der Stadt, als eine weitere Frau zum Brunnen schritt und sich hinabstürzte. Alle Frauen waren vom offensichtlichen Selbstmordversuch schockiert, aber die vornehmen Frauen waren im Stillen schockiert. Nur die Griot-Frauen schrien, und zwar im Namen aller (Irvine,1990, S.146)"

Auch in unserer Gesellschaft, insbesondere im Berufsleben gibt es diese Grenzen im Ausdruck von Emotionen. Sprüche wie „Männer weinen nicht", „wir lassen uns nicht in die Karten schauen", „hier hat Gefühl nichts verloren", „sein Pokerface", „wir brauchen hard core und keine soft skills" zeigen, dass Gefühle in manchen Kreisen verpönt sind.

---

[26] Vgl. Zimbardo Philip G., Gerik Richard J., Psychologie, S. 549.
[27] Psychologie. S. 551.

Viele Menschen in unserer Kultur haben gelernt, Ärger, Frust etc. mehr oder weniger gekonnt wegzustecken, über der Sache zu stehen, vernünftig zu reagieren. Wenn sie es nicht können, sieht das die Umwelt als Manko.

In England oder in Skandinavien ist das Nicht-Ausleben von Emotionen noch stärker zu beobachten als z. B. in den lateinamerikanischen Ländern, in denen Emotionen viel direkter gezeigt werden.

Das Nicht-Zeigen von Emotionen heißt aber nicht, dass es diese nicht gibt. Die betreffenden Menschen sind äußerlich beherrscht, wollen funktionieren, wie es von ihnen erwartet wird. Die physiologischen Reaktionen unter der Oberfläche bleiben jedoch erhalten und wirken sich auf den Körper aus. Das autonome Nervensystem reagiert mit Stress.

Hoffnung auf künftiges Glück als Kompensation

Je weniger der Arbeitsplatz den menschlichen Bedürfnissen entspricht, umso wichtiger wird die Hoffnung auf künftiges Glück.

Ein Mensch, der seine Karriere einseitig mit Tunnelblick betrachtet, vernachlässigt das, was vordergründig nicht seinem beruflichen Fortkommen nützt. Er opfert vieles auf, wonach er eigentlich Sehnsucht hat. Er lebt in der Hoffnung: „Wenn ich am Tag X erst einmal so viel Geld beisammen habe, dann …“ Alle emotionalen Impulse, die ihn in eine andere Richtung lenken würden, unterdrückt er, bis dies schließlich so zur Gewohnheit wird, dass er von allen „weichen“ Regungen abgeschnitten ist.

Er stürzt sich in eine Welt, in der gnadenloser Wettkampf herrscht. Er ist zu sich selbst und zu anderen hart. Was kommt früher: das Burn-out oder der Tag X?

Wenn er dann doch nach vielen Jahren der Aufopferung den Tag X erlebt, hat ihn seine Tätigkeit geprägt und seine Persönlichkeit verändert. Kann er im reifen Alter alles nachholen, was er versäumt hat? Hat er dann noch Kraft? Ist er dann noch fähig zu einer Herzensbeziehung? Wie kann er menschliche Gefühle wahrnehmen, von denen er sich so viele Jahre abgeschnitten hat?

Die Kompensation von Bedürfnissen ist lediglich eine Ersatzbefriedigung: Man verschafft sich das, wovon man glaubt, dass es Befriedigung bringt. Doch man erlangt keine Zufriedenheit.

Kasten 7

Stressreaktionen

Stressreaktionen sind die Antwort des Organismus auf einen Stressor (Stressauslöser). Das Ziel dabei ist die gesamte verfügbare Energie zu mobilisieren, um den Körper an die Extremsituation anpassen zu können. In akuten Gefahrensituationen ist dieser Mechanismus eine sinnvolle biologische Anpassung zum Überleben. Die erste wissenschaftliche Theorie über die Stressreaktion von W. Cannon beschreibt diese als Kampf- oder Fluchtreaktion.

Im Zentrum dieser Stressreaktion steht der Hypothalamus, der auch als Stresszentrum bezeichnet wird. Er steuert das autonome Nervensystem, das die Aktivitäten der Körperorgane reguliert. In Stresssituationen regt das sympathische Nervensystem (der aktivierende Ast des autonomen Nervensystems) die Ausschüttung von Adrenalin und Noradrenalin ins Blut an. Die Atmung wird schneller, das Herz schlägt schneller, die Blutgefäße verengen sich, der Blutdruck steigt. Weiters werden Glukokortikoide ausgeschüttet, besonders Cortisol. Diese sind verantwortlich für die Bereitstellung von Glukose (Traubenzucker). Es kommt zur vermehrten Synthese von Glukose aus Muskeleiweiß und zur Hemmung der Glukoseaufnahme in die Zellen. Akuter Stress führt zu einem erhöhten kardiovaskulären Tonus, die Verdauung und das Immunsystem werden gehemmt, die kognitive Leistungsfähigkeit wird kurzfristig erhöht.

Bei negativen Emotionen wird dieses Notfallreaktionssystem des Körpers – je nach Intensität der Emotion mehr oder weniger – aktiviert.

Zur Ruhe kommt der Organismus erst dann, wenn das parasympathische Nervensystem (der „beruhigende" Ast des autonomen Nervensystems) den aktivierenden Hormonen entgegenwirkt.

Bei unterdrückten Emotionen kann diese Beruhigung nicht eintreten. Sie erzeugen chronischen Stress.

Der Mensch erkrankt an den typischen Stresskrankheiten, wie z. B. Schlafstörungen, erhöhter Cholesterinspiegel, Kopfschmerzen, Bluthochdruck etc. Die Folge davon ist ein erhöhtes Risiko für Herzinfarkt, Schlaganfall, Diabetes ....

Stresshormone wirken sich negativ auf die Nervenzellen aus, besonders im Hippocampus. Glukokortikoide zerstören langfristig die Zellen, indem sie die Toxizität des Neurotransmitters Glutamat erhöhen und die Aufnahme von Glukose ins Gehirn reduzieren.*)

*) Vgl. Spitzer: Lernen S. 167–173; Zimbardo: Psychologie S. 561–567.

Natürlich gehört es zu den Fähigkeiten des erwachsenen Menschen, die Befriedigung von Bedürfnissen zeitweise aufzuschieben.

Gleichzeitig ist der emotional reife Mensch fähig, für die Befriedigung seiner Bedürfnisse zu sorgen, z. B. des Bedürfnisses nach Wertschätzung, nach Liebe, nach Sinn, nach Bindung.

Emotionen bestimmen die Kommunikation

Emotionen – egal ob wir sie offen zeigen oder nicht – haben sobald sie stattfinden auch eine soziale Bedeutung. Emotionen steuern unsere Interaktionen. Wenn wir eine negative Stimmung haben, z. B. uns ärgern, wird sich das in unserer Kommunikation mit anderen niederschlagen. Selbst wenn wir alles daran setzen uns zu beherrschen und uns zu kontrollieren, und es uns tatsächlich gelingt unser Gegenüber weder anzubrüllen noch zu beschimpfen, wird unsere Stimme den Ärger ausdrücken oder unsere Körperhaltung wird aggressiv wirken. Möglicherweise zeigt sich der Ärger auch in der Wortwahl oder in der Distanz. Menschen, die Freude erleben und mit Wertschätzung und Liebe auf den anderen zugehen, werden viel schneller und leichter in Kontakt treten und Zugeständnisse erhalten, um die sie bitten.

Einstellungen wecken Emotionen

Haben Sie schon einmal ausprobiert, welche Auswirkungen es hat, in der U-Bahn zu sitzen, sich etwas Schönes vorzustellen und zu lächeln?

Leute werden plötzlich anders reagieren, vielleicht zurücklächeln, versuchen Kontakt herzustellen.

Elisabeth berichtet von ihrem Experiment, als sie im Sommer in der Stoßzeit in der überfüllten U-Bahn fuhr: „Rund um mich blickten Leute starr vor sich hin, sie wirkten mürrisch, es war viel zu gedrängt, es stank nach Schweiß und es war schrecklich heiß. Ich versetzte mich bewusst in eine gute Gefühlslage, indem ich innerlich zu dieser Situation und allen Menschen „Willkommen“ sagte. Mit dieser Einstellung erlebte ich die Situation schon um einiges freundlicher. Ich merkte, wie sich meine Mundwinkel spontan hochzogen, ich lächelte die Menschen in meiner Umgebung an. Das Unglaubliche geschah: Bereits nach kurzer Zeit veränderte sich bei einigen Menschen der Gesichtsausdruck merklich. Sie wirkten entspannter, sie lächelten sogar zurück. Einer sagte: „Es ist schön in Wien einmal jemanden lachen zu sehen, das bin ich hier gar nicht gewohnt. Hier schauen die Menschen immer grantig drein." Ein Ehepaar, das mir gegenüber saß, begann ein Gespräch. Es stellte sich heraus, dass wir gemeinsam eine relativ lange Strecke zu fahren hatten und so entwickelte sich ein überaus interessanter Austausch. Als wir uns dem Ziel näherten, wollten sie mich sogar zum Abendessen einladen."

Das Experiment in der U-Bahn zeigt, dass meine Einstellungen Emotionen auslösen, und andere Menschen wieder emotional darauf reagieren.

So löst meine Einstellung zu einem Menschen bei mir die entsprechenden (positiven oder negativen) Emotionen aus, sobald ich diesem Menschen begegne. Unbewusst teile ich diese über Körpersprache, Tonfall etc. mit. Der andere spürt mittels seiner Spiegelneurone meinc Emotionen und reagiert darauf mit seinem Verhalten.

Die Welt spiegelt mir meine eigenen Einstellungen wider.

Der Volksmund drückt dieses Phänomen folgendermaßen aus: „Fröhlichkeit öffnet die Türen!" „Der hat mich mit seiner Fröhlichkeit angesteckt!" „Die hat mit ihren Worten mein Herz berührt!"

Es zeigt sich, wie wichtig es ist, die eigene Einstellung zu überprüfen und gegebenenfalls bewusst zu verändern.

Unsere Gedanken haben Macht.

Kann man Emotionen vortäuschen?

Nehmen wir einmal an, wir könnten nahezu perfekt unsere Sprachmuster und unsere Körpersprache kontrollieren, aber wir hielten in einer Situation an unserer negativen Einstellung einer Person gegenüber fest. Was würde in diesem Fall passieren?

Diese andere Person wird irritiert sein und die Situation als ambivalent empfinden. Vordergründig passt ja alles. Der Intellekt dieser Person wird die höfliche Sprache, die angepasste nonverbale Sprache bemerken. Dennoch wird bei dieser Person unbewusst auch noch eine andere Botschaft ankommen. Unsere Botschaften sind nicht kongruent, das heißt, nicht zusammenpassend. Der vordergründige Teil sagt: „Ich mag dich!", der andere Teil sagt: „Ich verachte dich!"

Haben Sie schon einmal in einem Raum die Luft zum Schneiden erlebt oder gedacht Sie sitzen auf einer Bombe, obwohl rein objektiv betrachtet alles in Ordnung war?

Hier war wahrscheinlich genau diese Diskrepanz gegeben. Menschen, die sich bewusst anders verhalten als sie denken und fühlen, wirken gekünstelt, unecht und strahlen etwas aus, das von vielen als unangenehm empfunden wird. Solche Menschen lösen Unbehagen aus und man versucht, sie zu meiden. Wir sagen dann: „Eigentlich war X ja nett und zuvorkommend, ich kann mich nicht beklagen, aber er hat halt so eine negative (kalte/herzlose) Ausstrahlung.

Charismatische Menschen hingegen äußern das, was ihrer inneren Einstellung entspricht. Sie „mögen" prinzipiell andere Menschen. Das, was sie sagen, hat eine Sogwirkung, die andere Menschen anzieht. Wir erleben, dass wir uns in Gegenwart solcher Menschen wohlfühlen, viel Kraft und Sicherheit spüren.

Positive Emotionen stärken, negative Emotionen schwächen

Der sogenannte Muskeltest zeigt die Auswirkung von Emotionen auf den Körper sehr anschaulich.

Um den Muskeltest auszuführen, geht man folgendermaßen vor: Person A hält ihren Arm waagrecht.

Die erste Aufgabe von Person B ist es, durch Herunterdrücken des Armes von Person A die normale Kraft (in diesem Falle des Deltamuskels) zu testen.

B fordert nun die Person A auf, an ein Ereignis in ihrem Leben zu denken, das sehr unangenehme Emotionen ausgelöst hat. B testet nun die Muskelkraft abermals durch Herunterdrücken: Der Arm ist deutlich schwächer als zuerst.

Dann fordert B die Person A auf, an ein sehr erfreuliches Erlebnis in ihrem Leben zu denken: B testet wiederum den Muskeltonus, dieser ist wieder ebenso stark wie am Anfang, oft sogar stärker.

Man kann diesen Test in vielen Variationen durchführen. Er zeigt, dass Worte, Gesten und Situationen, die negative Emotionen wecken, den Körper schwächen, d. h. Energie rauben und andererseits Worte, Gesten und Situationen, die positive Emotionen auslösen, dem Menschen Energie schenken.

In gleicher Art kann man die Wirkung von Emotionen auch mit anderen Bio-Indikatoren testen, z. B. durch Messung des Hautwiderstandes.

Erfahrene Kommunikatoren sehen die Wirkung auch im Gesichtsausdruck des anderen.

Balance der Emotionen: Fließen

Der Zustand des Fließens (auch Fluss oder englisch Flow genannt) ist jene Verfassung des Menschen, in der er, auf eine Aufgabe konzentriert, die bestmögliche Leistung erbringt. Es ist jener Zustand, in dem der Mensch ganz in seiner Kraft ist und sein Potenzial zu höchster Wirkung bringt.

Fließen ist die erfolgsorientierte Alternative zum Arbeiten unter Druck, die Alternative zu schädlichem Stress.

Der Mensch sagt JA zur Veränderung und fließt mit der Veränderung mit. Der Mensch ist in Kontakt mit der Situation und tut in jedem Augenblick mit voller Präsenz das, was gerade zu tun ist.

Goleman zitiert eine Aussage von Diane Roffe-Steinrotter, die 1994 olympisches Gold im alpinen Skilauf gewann. Sie berichtete nach ihrem Sieg, sie könne sich an nichts erinnern, außer dass sie ganz in Entspannung versunken gewesen sei: „Ich fühlte mich wie ein Wasserfall.“[28]

Im Zustand des Fließens sind die Emotionen vollständig in Übereinstimmung mit dem gegenwärtigen Augenblick.

„Sich auf das Fließen einlassen zu können, ist die höchste Form emotionaler Intelligenz ... Beim Fließen sind die Emotionen nicht bloß beherrscht und kanalisiert, sondern positiv, voller Spannung und auf die vorliegende Aufgabe ausgerichtet ... Das ist eine wunderbare Erfahrung: Kennzeichen des Fließens ist ein Gefühl spontaner Freude, ja sogar der Verzückung. Das Fließen trägt, weil es sich so gut anfühlt, den Lohn der Verzückung in sich.“

---

[28] Siehe hier und im Folgenden: Daniel Goleman, Emotionale Intelligenz. S. 120.

Anders als beim Arbeiten unter Druck ist der Mensch durch keinerlei Befürchtungen oder Ängste abgelenkt. Die Energie ist zu 100% auf die Aufgabe ausgerichtet. „Wer in der Langeweile der Depression oder der Erregung der Angst gefangen ist, der ist vom Fließen ausgeschlossen."

„Das Fließen wird sogar unterbrochen, wenn man allzu sehr darüber nachdenkt, was geschieht – der bloße Gedanke „Das mache ich wunderbar" kann das Gefühl des Fließens zerstören. Die Aufmerksamkeit wird dermaßen konzentriert, dass man nur noch den schmalen Wahrnehmungsbereich wahrnimmt, der mit der unmittelbaren Aufgabe zusammenhängt, und Raum und Zeit vergisst. Ein Chirurg erinnerte sich zum Beispiel an eine schwierige Operation, in der er im Zustand des Fließens war. Als sie vorüber war, bemerkte er Schutt auf dem Boden des Operationssaales, und er fragte, was passiert sei. Zu seiner Verblüffung berichtete man ihm, dass, während er so in die Operation vertieft war, ein Teil der Decke heruntergekommen sei – er hatte nichts davon bemerkt."

Bemerkenswert ist, dass im Zustand des Fließens auch kein Erfolgsdruck vorhanden ist. „... Obwohl Menschen im Zustand des Fließens ihre Höchstleistungen vollbringen, kümmert es sie nicht, wie sie abschneiden, denken nicht an Erfolg oder Versagen – es ist die reine Freude am Tun, was sie motiviert."[29]

JA zu unseren Emotionen!

Emotionen bestimmen grundlegend alle Bereiche unseres individuellen und gesellschaftlichen Lebens. Ohne Emotionen können wir nicht leben. Ein Leben ohne Emotionen wäre ein bloßes Dahinvegetieren.

Emotionen liefern uns jene Kraft im Leben, die uns vorwärtsgehen lässt, die uns Gefahren überwinden lässt, die uns Entscheidungen treffen lässt, die in uns Begeisterung für unsere Ziele weckt, die uns Erfolge feiern lässt. Mit einem Wort, wir brauchen Emotionen für Erfolg und Glück!

Jedes Team braucht positive Emotionen – Wertschätzung, Achtung, Liebe – damit eine Kultur der Zusammenarbeit entsteht, die zu Höchstleistungen führt.

---

[29] A. a. O. S. 121.

Die Frage kann nicht sein, *ob* wir Emotionen haben, sondern es geht darum, *wie* wir mit unseren Emotionen und den Emotionen der anderen umgehen. Emotionen sind Energie, die wir brauchen, das zu erreichen, was uns im Leben wirklich wichtig ist. Diese Energie gilt es umzuwandeln und zu nutzen für unsere wirklich wichtigen Ziele.

Wir haben die Möglichkeit, unsere Emotionen zu transformieren, von krankmachenden und zerstörerischen Emotionen hin zu freudvollen, Erfolg versprechenden Emotionen.

Im folgenden Kapitel wollen wir Methoden aufzeigen, die uns helfen, einerseits negative Emotionen zu neutralisieren oder in positive umzuwandeln, und anderseits positive Emotionen zu verstärken.

2. Kapitel
„Willkommen“ – ein wirkungsvolles Wort

In unserer Arbeit erleben wir permanent, welche Sehnsucht Menschen nach Liebe haben. Und doch: Wenn man sie dann am Arbeitsplatz, in der Schule oder in der Familie beobachtet, verhalten sie sich oft ganz anders.

Wir wollen im Folgenden Grundsätze und konkrete Instrumente zur Verfügung stellen, die helfen, Liebe in alltäglichen Situationen praktisch zu leben.

Gedanken erschaffen die äußere Wirklichkeit

Kennen Sie jenen Menschen, dem alles zu gelingen scheint? Selbst in fast ausweglosen Situationen bleibt er heiter und gelassen – und irgendwie findet er immer wieder einen Ausweg.

Über die Kraft des positiven Denkens wurde schon viel gesagt und geschrieben. Es klingt so einfach: Wenn wir positiv denken, gestalten wir dadurch unser Leben positiv.

Aber wir sind Realisten: Im wirklichen Leben kommt uns viel Negatives entgegen; vieles, was uns gegen den Strich geht; auch manches, das wir aus ethischen Gründen ablehnen. Es wäre naiv und gefährlich, diese Tatsachen zu ignorieren.

Zustimmen zu dem, was ist

Wir benötigen ein Mittel, das uns hilft,

- **Jede** Situation so wahrzunehmen und zu akzeptieren, *wie sie tatsächlich ist*

und

- uns selbst in der Art positiv zu polen, dass wir unsere Energien aktivieren und fähig sind, die Situation entsprechend unseren Zielen zu *gestalten.*

Wenn wir mit einer gegebenen Situation hadern, entwickeln wir inneren Groll und reiben uns innerlich auf. Dies hindert uns nur daran, die Situation so zu sehen, wie sie ist. Wenn wir hingegen sagen: „Die Situation ist so und so … Ich schau mir das genau an und dann treffe ich eine klare Entscheidung für das, was ich tue und was ich nicht tue", dann gewinnen wir die Freiheit, der Situation entsprechend zu handeln.

„Willkommen" ist mehr als ein Wort

Das Wort „Willkommen" gibt Kraft. Es hilft, innere und äußere Konflikte zu lösen. Die so gewonnene Energie wird für konstruktive Lösungen und für die wesentlichen Ziele verfügbar.

Hubert lernte die Wirkung des Wortes „Willkommen" vor vielen Jahren bei Wolfgang Stabentheiner kennen.

„Willkommen" ist mehr als bloß ein Wort – es ist eine innere Einstellung zum Leben.

Würden wir „Willkommen" sagen, aber etwas Entgegengesetztes meinen, dann würde das Wort zur leeren Hülse ohne Kraft.

Was hat das Wort „Willkommen" mit Erfolg im geschäftlichen Leben zu tun?

Die Chefs eines Handelsunternehmens für Unterhaltungselektronik und deren Mitarbeiter – Verkäufer und Servicetechniker – absolvierten eine Seminarreihe für Kundenorientierung. In diesem Training lernten sie auch, zu den Kunden das Wort „Willkommen" zu sagen – entweder hörbar in Worten oder unhörbar in Gedanken. Ganz besonders gewöhnten sie sich an, das „Willkommen" jenen Kunden entgegenzubringen, die mit Reklamationen oder Beschwerden zu ihnen kamen.

Innerhalb eines Jahres erhöhte sich der Umsatz dieses Unternehmens um 16% gegenüber den Vorjahreswerten, obwohl im selben Zeitraum in dieser Branche sonst überall Umsatzrückgänge beklagt wurden. Einer der beiden Geschäftsführer sagte zu mir: „Wir haben nichts anders gemacht als im Jahr davor – nur das ‚Willkommen' war neu!"

Der Muskeltest zeigt die Wirkung

Der Muskeltest zeigt, dass uns das Wort „Willkommen" stärkt.

Wenn die Testperson aufgefordert wird, versuchsweise das Wort „Scheiße" zu sagen, dann wird sich beim Muskeltest der Arm als schwach erweisen.

Spricht die Testperson hingegen das Wort „Willkommen" aus, so testet der Arm stark.

Die Testergebnisse sind die gleichen, wenn die Testperson das Wort „Willkommen" nur denkt, ohne es laut auszusprechen.

Die Wirkung des „Willkommen" ist so stark, dass sie auch negative Einflüsse, wie z. B. abwertende Bemerkungen durch Dritte, neutralisieren und sogar ins Positive umwandeln kann.

Aus einer Vielzahl von Tests ergeben sich drei hilfreiche Arten, „Willkommen" zu sagen:

- Das Willkommen zu mir selbst
- Das Willkommen zu anderen Menschen
- Das Willkommen zu Situationen.

„Willkommen" zu mir selbst

So gut, wie ich mit mir selbst umgehe, so gut gehe ich auch mit den anderen um. Dass ich mich selbst mag, ist eine Voraussetzung dafür, dass ich andere mag.

Der amerikanische Psychologe Chuck Spezzano beschreibt das so: „Du behandelst andere so, wie du dich behandelst. Wenn du mit dir selbst zufrieden bist, behandelst du andere freundlich. Wenn du mit dir selbst haderst, wirst du andere um dich herum verurteilen und angreifen. Du kannst einen anderen nur auf die Weise behandeln, wie du mit dir selbst umgehst."[30]

Das „Willkommen" zu mir selbst ist die unverzichtbare Basis, die mir ermöglicht, zu anderen „Willkommen" zu sagen.

Damit kann ich schon gleich in der Früh beginnen. Eine unserer Bekannten erzählte uns: „Ich habe mir auf meinen Spiegel im Bad eine Haftnotiz mit ‚Willkommen'" gehängt. Jeden Morgen, wenn ich mich im Spiegel sehe, erblicke ich gleichzeitig mit meinem noch verschlafenen Gesicht das ‚Willkommen' – ich muss gleich lächeln und bin bereits für den Tag positiv gepolt."

---

30 Chuck und Lency Spezzano, Beziehungskunst – Führungskunst – Spiritualität, S. 188.

Während des Tages eröffnen sich viele Möglichkeiten, zu uns selbst „Willkommen“ zu sagen – zum Beispiel, wenn uns gerade ein Fehler unterlaufen ist: da ist wichtig, dass wir uns nicht dafür verurteilen. Sondern wir können „Willkommen“ sagen zu uns selbst: Hier bin ich an meine Grenzen gestoßen, die akzeptiere ich im Moment. Ich nehme den Fehler als Lernmöglichkeit, um es das nächste Mal besser zu machen.

Und wenn uns etwas gut gelungen ist, dann geben wir uns selbst bewusst Anerkennung, klopfen uns innerlich auf die Schulter. Damit aktivieren wir den Gewinn und bauen Energie auf für den nächsten Zyklus, den wir angehen.

Das Wichtigste: Ich nehme mich selbst als Mensch an, so wie ich bin, mit meinen Fähigkeiten, mit meinen Fehlern, mit meinen Grenzen. Und mit den grenzenlosen Möglichkeiten, mich weiter zu verbessern.

„Willkommen“ zu Menschen, die ich mag

In einem Seminar für das Pflegepersonal eines Krankenhauses gab Hubert den Teilnehmerinnen die Aufgabe, einander etwas Wertschätzendes zu sagen. Er berichtet darüber: „Unter den Teilnehmerinnen waren auch zwei Krankenschwestern, die bereits die Krankenpflegeschule miteinander absolviert hatten und zwölf Jahre eng miteinander befreundet waren. Eine der beiden sagte: ‚Wir kennen uns jetzt schon zwölf Jahre, wir wissen alles voneinander – was sollen wir uns da noch Neues sagen?‘ Ihre Freundin nickte zustimmend. Schließlich machten sie doch versuchsweise die Übung mit. Nachher berichteten beide übereinstimmend: ‚Eigentlich haben wir uns das noch nie gesagt, was wir aneinander mögen. Es hat gut getan, das einmal zu hören!‘“

Denken Sie daran, Ihren Partnerinnen und Partnern, ihren Freunden, Mitarbeitern und Kollegen das „Willkommen“ entgegenzubringen: ein paar Blumen, eine kleine Aufmerksamkeit, anerkennende Worte, ... das wirkt Wunder.

Kasten 8

Der „unverdiente" Fisch

Der Anthropologe Gregory Bateson studierte über viele Jahre hindurch das Kommunikationsverhalten von Delfinen, da dieses in vieler Hinsicht dem menschlichen Verhalten sehr nahe kommt. In diesen Studien arbeitete er mit einem Delfinforschungszentrum zusammen, um zu erforschen, wie Delfin-Trainer den Delfinen neue Kunststücke beibringen.

Die Vorgangsweise der Trainer war zunächst sehr einfach: Wenn der Delfin ein neues Kunststück zeigte, blies der Trainer ein Pfeiferl und gab ihm einen Fisch. Jedes Mal, wenn der Delfin das Kunststück wieder zeigte, blies der Trainer wiederum sein Pfeiferl und gab ihm einen Fisch, bis das Kunststück sicher verankert war.

Sollte nun der Delfin ein neues Kunststück „erfinden", bekam er für das alte keine Belohnung mehr. Erst als er wieder ein neues Kunststück zeigte, blies der Trainer das Pfeiferl und gab ihm einen Fisch usw.

Diese Vorgangsweise erzeugte beim Delfin Verwirrung und Frustration zu dem Zeitpunkt, als ihm plötzlich die Belohnung verweigert wurde.

Da durchbrach der Trainer öfter die Belohnungsregeln des Trainingsplans und gab ohne äußeren Anlass dem Delfin einen „unverdienten Fisch" (unearned fish).

Bateson bemerkte, dass nach einer Anzahl von Durchgängen der Delfin richtig euphorisch wurde und zusätzlich zu den bereits gelernten Kunststücken weitere acht Kunststücke zeigte, wovon vier bei Delfinen bisher noch nie beobachtet wurden.

Der „unverdiente Fisch" ist ein Ausdruck von Wertschätzung. Bemerkenswert ist dabei, dass im Endergebnis auch die Leistung steigt, obwohl der Fisch nicht für die Leistung gegeben wurde, sondern für die *Beziehung* zwischen Trainer und Delfin.

In menschlicher Sprache würden wir sagen: „Er hat mir gezeigt, dass er mich als Mensch mag. Ich bin bereit, etwas für ihn zu tun."*)

*) Vgl. Dilts/DeLozier, Encyclopedia of Systemic Neuro-Linguistic Programming, S. 920ff

„Willkommen" zu Menschen, die ich nicht mag

Schwieriger ist es, zur „anderen Sorte" von Menschen „Willkommen" zu sagen: zu denen, die uns unsympathisch sind, die uns Schwierigkeiten machen oder zu denen, die uns sogar absichtlich schaden wollen oder sich ausgesprochen unethisch verhalten.

Wie kann ich da noch „Willkommen“ sagen? Ich kann mir z. B. sagen: „Du bist jetzt für mich der Trainer. Du bereitest mir eine schwierige Situation, die mich als Persönlichkeit herausfordert. Durch Dich kann ich lernen, sicherer und stärker zu werden. Du forderst mich heraus, meine Ziele zu überdenken und meinen Standpunkt klar darzulegen. ...“

Ich kann jemandem, der immer wieder zornig und aufbrausend wird, von Herzen wünschen, dass er inneren Frieden findet. Das hilft gleichzeitig mir selbst, meinen eigenen Frieden zu finden.

Wenn wir – Elisabeth und Hubert – in unseren eigenen Leben zurückblicken, dann merken wir, dass wir mit manchen Menschen, die uns früher Angst oder Ärger machten, heute ganz locker und freundlich umgehen können. So erkennen wir, dass wir stärker geworden sind. Hätten diese Menschen uns damals nicht Schwierigkeiten gemacht, so hätten wir nie dazulernen können.

„Willkommen“ zu Situationen

Wenn etwas Erfreuliches passiert, dann heißt „Willkommen“: angemessen zu feiern! Ich freue mich von ganzem Herzen über meinen Erfolg. Ich belohne mich für das, was ich geschafft habe.

Ich freue mich über das Gute, das mir zufällt und nehme es ganz an.

Was kann ich bei unerfreulichen Ereignissen tun?

Einer von Huberts Freunden war Geschäftsführer eines mittelgroßen Industrieunternehmens. Er war nicht begeistert von seiner Aufgabe, aber er hasste sie auch nicht. Er war froh, einen gut bezahlten Job zu haben, und freute sich hin und wieder schon auf die Pension. Eines Tages wurde das Unternehmen verkauft, der neue Besitzer wollte einen anderen Geschäftsführer und Huberts Freund stand mit 47 Jahren auf der Straße. Er fiel in tiefe Verzweiflung und fragte sich wieder und wieder: „Warum muss das gerade mir passieren? Jetzt gehöre ich zum alten Eisen!“

Eines Tages, nach vielem Nachdenken und vielen Gesprächen mit Freunden, kam ihm der Gedanke, dass die Lage auch etwas Positives an sich haben könnte: „Liegt vielleicht gerade in dieser Situation für mich eine Chance? Vielleicht finde ich eine Aufgabe, die mich tatsächlich erfüllt und mit der ich etwas Sinnvolles für andere tun kann?“ Das war der Wendepunkt. Er konnte

„Willkommen“ zu der Herausforderung sagen. Inzwischen hat er seine Aufgabe gefunden und sich selbstständig gemacht. Die Arbeit macht ihm viel Freude. Heute sagt er: „Gott sei Dank ist mir das damals passiert. Ich kann mir heute gar nicht mehr vorstellen, noch die alte Arbeit zu machen.“

Wer seine Zeit damit verbringt, über sein Schicksal zu klagen, andere dafür zu beschuldigen oder sich selbst zu beschuldigen, blockiert sich selbst. Er gibt seine Energie in das, was er nicht ändern kann, stellt damit sicher, dass sich nichts ändert und hält das damit verbundene Leid fest.

Die richtige Frage, die zur Lösung führt, ist: „Was ist in dieser Situation die Botschaft für mich?“ In welcher Art fordert mich die Situation auf,

- Überlebtes loszulassen,
- neue Fähigkeiten in mir selbst zu entdecken und zu entwickeln.

Wenn wir in dieser Art „Willkommen“ zu schwierigen Situationen sagen, dann machen wir aus dem Problem, das uns bedrückt, eine Herausforderung, die wir annehmen, um daran zu wachsen. So bringt jede Lebensphase uns neue Entwicklungsaufgaben und wir verwirklichen immer mehr von dem in uns schlummernden Potenzial.

Eine fantastische Lebensperspektive – wir werden von Opfern zu Gestaltern unserer Welt.

„Willkommen“ zu meinen Emotionen

Manchmal reagieren wir in Situationen ganz anders, als wir uns selbst wünschen – die Emotionen gehen uns wider alle Vernunft durch: Wir wollen eine begeisternde Rede halten, aber stattdessen sind wir von der Angst blockiert und lesen die Rede monoton vom vorbereiteten Konzept ab; wir bemühen uns, auf einen bestimmten Menschen einfühlsam zuzugehen, stattdessen werden wir zornig und rasten aus.

Viele neigen, sobald sie so etwas erkennen, dazu, sich selbst für die unerwünschte Reaktion zu beschuldigen und versuchen, die negativen Emotionen zu unterdrücken. Dies ist etwas, das uns vom Kontakt mit anderen Menschen abschneidet, in die innere Blockade führt und letztlich die Situation verschlimmert. Unterdrückte Emotionen machen sich an anderer Stelle neuerlich unangenehm bemerkbar. Die Körperreaktionen sind da, auch wenn wir das Gefühl unterdrücken. Sie können sich sogar in psychosomatischen Symptomen äußern.

Manche Menschen versuchen, ihre unangenehmen Emotionen dadurch zu rechtfertigen, dass sie sagen: „Die anderen sind schuld, wenn es mir schlecht geht." Das mag ihnen eine vorübergehende Erleichterung bringen, aber das Traurige daran ist: wenn immer die anderen schuld sind an meinem Unglück, dann sehe ich keine Möglichkeit mehr, etwas daran zu ändern.

Die Lösung: Ich nehme meine Emotion wahr, auch wenn sie mir unangenehm ist, und heiße sie willkommen! Wenn ich z. B. Zorn aufkommen spüre, dann sage ich zum Zorn „Willkommen!"; in dem Sinn: „Ja, lieber Zorn, dich kenne ich schon. Du bist *mein* Zorn. Du bist eine große Kraft. Machen wir doch gemeinsam etwas Sinnvolles daraus." Sobald das gelingt, wird der Zorn schon etwas an Schärfe verlieren, und allmählich wird er zu einer konstruktiven Kraft.

Folgende Schritte sind entscheidend:

1. Ich nehme aufkommende Emotionen wahr, ohne dagegen zu kämpfen und spüre sie ganz bewusst in mir,
2. „Willkommen" zu der Emotion,
3. Ich lasse die Emotion auch wieder gehen (nicht darin schwelgen, nicht daran festhalten).

Anschließend treffe ich gelassen die richtigen Entscheidungen und setze mit 100% Energie die passenden Handlungen.

Das „Willkommen" zu meinen eigenen Emotionen ist ein Ausdruck des Willkommens zu mir selbst.

Je mehr ich meine eigenen Emotionen annehmen kann, umso mehr kann ich auch die Emotionen der anderen annehmen. Negative Emotionen anderer werden mich immer weniger stören.

Je mehr ich meine negativen Emotionen – Zorn, Groll, Angst – willkommen heiße, umso intensiver werde ich positive Emotionen erleben, umso mehr Freude und Glück wird auf der anderen Seite in mein Leben kommen.

Willkommen zu meinen Grenzen

Wir beobachten, dass Menschen mit ihren persönlichen Grenzen sehr unterschiedlich umgehen.

Viele „Gutmenschen", die es allen recht machen wollen, trauen sich nicht, „Halt" zu sagen, selbst wenn ihnen andere schmerzhaft auf die Zehen steigen.

Die „Ellbogenmenschen" auf der anderen Seite schlagen bereits zurück, wenn sich jemand ihren Grenzen auch nur nähert, trampeln aber selbst rücksichtslos über andere hinweg.

Beide Extreme blockieren die offene Kommunikation. Kontakt zum anderen ist dann möglich, wenn Nähe und Distanz stimmen, wenn die Grenzen und die Positionen im System auf beiden Seiten klar sind. Dann ist es möglich, dass zwei Menschen wirklich miteinander in Verbindung treten und kommunizieren.

Die Erkenntnis, dass es notwendig ist, Grenzen zu setzen, hat viele Menschen zu dem Schluss veranlasst, man müsse „Nein" sagen lernen.

Jedoch: „Nein" sagen blockiert die Energie und unterbricht den Kontakt – das kann man mit Hilfe des Muskeltests zeigen.

Wie kann man sich dann aber *in positiver Weise* abgrenzen, sodass die Positionen geklärt sind und gleichzeitig Kontakt möglich ist?

Das Zauberwort ist: „Willkommen zu meinen Grenzen". So kann z. B. ein Verkäufer zum Kunden, der übertriebene Preisforderungen stellt, sagen: „Ich bin Ihnen so weit entgegen gekommen, wie ich nur kann – so viel kann ich Ihnen anbieten." Damit sagt er implizit dem Kunden: „Ich bin für Sie da, mache das Bestmögliche für Sie und hier sind meine Grenzen."

Das Abgrenzen ist auch in Partnerschaften wichtig. So kann einer seine Grenzen gegenüber dem Partner setzen, indem er sagt: „Mich hat es verletzt, wie Du mich abgewertet hast. Ich möchte nicht, dass Du in diesem Ton mit mir redest." Wenn (nach der ersten Verliebtheit) diese Abgrenzung in Partnerschaften nicht stattfindet, folgen Angriff und Gegenangriff – neue Verletzungen passieren. Die Beziehung wird unweigerlich zerbrechen.

Explizite Abgrenzung kann einen Konflikt, der unterschwellig schon da ist, an die Oberfläche bringen. Das Ziel dabei ist aber nicht der Konflikt, sondern die neuerliche Kooperation, die nach Lösung des Konfliktes möglich wird. Dies gilt sowohl für berufliche als auch für private Beziehungen.

Willkommen zu sagen, bedeutet keineswegs, dass ich zu allem unhinterfragt „Ja und Amen“ sage. Das Willkommen zu mir *und* zum anderen erfordert auch den Mut, authentische Botschaften zu senden.

Wenn ich nicht mehr Willkommen sagen kann ...

Manchmal schaffen wir es nicht mehr, zu anderen oder zu schlimmen Situationen „Willkommen“ zu sagen. Willkommen gibt zwar am Ende Kraft, aber hin und wieder haben wir einfach die Kraft nicht, es überhaupt zu sagen.

Es wäre sinnlos, sich in dieser Lage zum Willkommen zu zwingen, denn dann wäre es unecht und damit wirkungslos. Was können wir also tun?

Wenn wir zu niemand anderem und zu nichts anderem Willkommen sagen können, dann sagen wir Willkommen zu *uns selbst*. Z. B.: „Ok, ich bin jetzt schwach, ich bin vergrämt – ich nehme mich so an wie ich bin, in meinem jetzigen Zustand.“ Sobald wir uns selbst wieder mögen, werden wir allmählich auch wieder fähig, zu anderen Menschen und zu Situationen Willkommen zu sagen.

Das Willkommen zu sich selbst ist der erste Schritt.

„Willkommen“ als Lebensprinzip

„Willkommen“ ist nicht bloß ein neuer Trick, zusätzlich zu den bereits bekannten, um ein paar Schwierigkeiten besser zu bewältigen.

Das authentische „Willkommen“ in seinen vielfältigen Formen ist Ausdruck von Liebe zu mir selbst, zu anderen Menschen und zum Leben.

„Willkommen“ bedeutet, dass wir zum Leben JA sagen, so wie es ist – mit all seinen Licht- und Schattenseiten. Wir stimmen dem zu, was ist – in Liebe.

Es ist viel mehr als ein notgedrungenes Akzeptieren der Umstände. Es heißt, dass ich die Botschaft verstehe, die jede Situation und jeder Mensch – ob bewusst oder unbewusst – für mich hat, und sie als etwas Neues in mein Leben aufnehme.

„Willkommen“ ist eine Einstellung, die das Leben des Menschen völlig verändert. Sie hilft, ein Potenzial an Energie und Glück in sich zu aktivieren, das im Verborgenen tatsächlich schon immer vorhanden war.

„Willkommen“ ist kein bloßes „sich Abfinden“ mit der Situation. Es ist auch kein bloß naives „immer alles nur positiv Sehen“. „Willkommen“ heißt, dass ich zum Positiven wie zum Negativen in meinem Leben „JA“ sage, dann eine Entscheidung treffe und gemäß dieser Entscheidung handle. „Willkommen“ ist der Weg zum Erfolg. Es ist der Weg, um nach Niederlagen wieder aufzustehen und zu fragen: „Was kann ich daraus lernen und was ist jetzt der nächste Schritt?“

Je nach den konkreten Lebensumständen wird jeder Mensch seinen persönlichen Weg finden, diese Grundeinstellung im eigenen Leben umzusetzen. Lassen Sie Ihre Kreativität wirken und finden Sie die zu Ihnen passenden Möglichkeiten heraus, wie Sie in Ihrem Leben das „Willkommen“ verwirklichen wollen!

Willkommen als „Erste Hilfe“ und als Prozess

In vielen alltäglichen Situationen genügt es, zu einem Menschen oder einer Situation einfach „Willkommen“ zu sagen, um wieder in einen positiven Energiezustand zu kommen und handlungsfähig zu sein. Da ist das „Willkommen“ eine hervorragende Erste Hilfe.

Wenn es sich um tief greifende Ereignisse im Leben handelt – jemand verliert seinen Job oder eine Partnerbeziehung bricht auseinander – dann wird es für diesen Menschen eines längeren Prozesses bedürfen, um zum Schluss ehrlich „Willkommen“ sagen zu können. Dabei ist es wichtig durch all die unangenehmen Emotionen durchzugehen, die damit verbunden sind, wie Wut, Trauer, Ärger, Groll, um diese schließlich hinter sich zu lassen. Am Ende des Prozesses ist man frei und kann mit vollem Herzen „JA“ sagen. „JA“, jetzt lasse ich mich in das Leben wieder voll ein. Ich sage „Willkommen“ zum Leben.

In diesem Prozess ist oft die Begleitung durch einen Coach oder Lebensberater sehr hilfreich. Dieser muss über entsprechende professionelle Kompetenz verfügen. Führen Sie in diesem Fall mit dem Coach oder Lebensberater ein Vorgespräch, klären Sie seine Kompetenz ab. Und wenn das alles passt, dann fragen Sie sich: Habe ich diesem Menschen gegenüber ein gutes Gefühl, dass ich ihm vertrauen und mich öffnen kann? Wenn Sie diese Frage mit „ja" beantworten können, und nur dann, lassen Sie sich auf diesen Coach ein.

Ein guter Coachingprozess verkürzt die „Trauerphase", beseitigt innere Barrieren und führt am Schluss zum „Willkommen".

Trainieren Sie das „Willkommen"

Um das „Willkommen" im Leben umzusetzen, sollte es zur Gewohnheit werden. Dazu braucht es Training.

Die Barriere liegt in der Macht alter Gewohnheiten: wenn wir z. B. einen Menschen treffen, mit dem wir schon einmal Schwierigkeiten gehabt haben, kommen sofort negative Gedanken und Erwartungen hoch, wenn wir ihn wieder sehen.

Wenn es in Ihrem Leben einen Menschen gibt, der so etwas bei Ihnen auslöst, dann bietet er Ihnen eine hervorragende Trainingsmöglichkeit: Sie können sich entscheiden, jedes Mal, wenn Sie ihn treffen, bewusst „Willkommen" zu sagen.

Nehmen Sie sich bitte zuerst ein „mittleres Kaliber" vor, sodass Sie bald ein Erfolgserlebnis haben. Im nächsten Schritt können Sie dann den Schwierigkeitsgrad steigern.

Beobachten Sie Ihre eigenen Gedanken und Worte ganz bewusst: jedes Mal, wenn Sie anfangen, zu jammern und zu schimpfen, geben Sie auch ihren eigenen negativen Gedanken ein „Willkommen" und verabschieden Sie sich bewusst von ihnen.

Machen Sie sich selbst ein Trainingsprogramm für das „Willkommen", das Sie realistisch umsetzen können und tun Sie den ersten Schritt!

3. Kapitel
Weder Opfer noch Täter

Hubert hatte in der Volksschule einen Religionslehrer, der predigte immer wieder: „Aus christlicher Nächstenliebe muss man sich aufopfern." Er sagte das in der Absicht, etwas Gutes zu bewirken, aber seine Stimme war schwach und er strahlte als Persönlichkeit keine Kraft aus. So entsprach seine Botschaft eigentlich der weitverbreiteten Einstellung, dass Nächstenliebe etwas Schwächliches sei, etwas für Menschen, die zu schwach oder zu feig sind, sich gegenüber anderen zu behaupten.

Liebe wird oft mit der Opferrolle in Verbindung gebracht. Wer in der Liebe eine Opferhaltung sieht, der hat eigentlich nur zwei Alternativen:

- Entweder er will unter allen Umständen vermeiden, zum Opfer zu werden – da wird er doch lieber zum *Täter*, denn das ist die bessere Rolle in diesem Spiel – die Rolle des Siegers. So „schwächliche" Dinge wie Liebe oder Wertschätzung sind nichts für ihn.
- Oder er will unter keinen Umständen zum Bösen, zum Täter werden. Dann nimmt er alle Widrigkeiten auf sich und macht sich zum *Opfer*. Er beklagt dann (laut oder leise), wie schlecht die Menschen sind, und ist überzeugt, dass er ja nett, lieb und wertschätzend zu allen Menschen sei, aber es werde ihm nicht gedankt.

Liebe ist in Wirklichkeit genau das Gegenteil von Schwäche: Sie ist voll Kraft, voll Leben und Freude. Ein Mensch, der voll Liebe ist, weiß, welches Potenzial in ihm selbst steckt und sieht dieses auch beim anderen.

Wirkliche Wertschätzung und Liebe können nur bei dem entstehen, der weder sich selbst noch andere abwertet oder angreift – also nur bei jemandem, der sowohl die Opfer- als auch die Täterrolle hinter sich gelassen hat.

Wenn wir im Folgenden von Täter und Opfer sprechen, dann meinen wir damit die *Rollen* von Opfer und Täter, wie sie im Alltag zu beobachten sind, in privaten Beziehungen, im Betrieb, im Business, in der Schule. (Mit Täter und Opfer ist nicht der strafrechtliche Tatbestand angesprochen, obwohl man natürlich auch im Strafrecht Opfer- und Täterrollen beobachten kann.)

Im betrieblichen Umfeld werden die Täter oft als „Sieger" gesehen, die Opfer dagegen als „Verlierer". Dem liegt die Überzeugung zugrunde, dass es nur einen Gewinner geben könne, wenn ein anderer verliert.

Elend und Triumph der Opferrolle

„Gutmenschen“[31] haben eine Schwäche dafür, in die Opferrolle zu fallen. Sie nehmen oft in guter Absicht erhebliche Nachteile für sich in Kauf, wie Schmerzen, Ausgrenzung, Kränkungen, Verletzungen. Äußerlich betrachtet, ist das Opfer in der Verliererrolle, und damit in einer schlechten Position.

Gleichzeitig bringt die Opferrolle auch Vorteile mit sich, die oft nicht gesehen werden: In gewisser Weise darf sich das Opfer besser fühlen als der Täter. „Ich bin als Opfer der Gerechte, der Täter ist der Ungerechte“, „Ich habe ja alles getan – wenn sich der andere nur nicht so niederträchtig verhalten hätte!“ Als Opfer darf man sich als der Gute fühlen und dem anderen die Schuld zuweisen.

Erfolglose Menschen bleiben oft ihr Leben lang in der Opferrolle und machen andere für ihr Unglück verantwortlich: Die Politik sei schuld, die Schwiegermutter sei so böse, die Ehefrau zänkisch, der Ehemann saufe zu viel, die Mitarbeiter seien unfähig …

Die Beschuldigung des anderen kann mitunter sehr aggressiv werden – dann wird das Opfer wütend und die Täterenergie kommt plötzlich durch. Manche Opfertypen können stundenlang in aggressivem Ton erzählen, wie schlecht die anderen sind.

In der Opferrolle trägt man den Groll gegen den Täter in sich. Man will Genugtuung, die eigentliche Lösung des Konflikts tritt in den Hintergrund. Mit voller Überzeugung kann die Ehefrau dem Ehemann die ganze lange Liste von berechtigten Vorwürfen an den Kopf knallen. Der Mann revanchiert sich seinerseits auf die gleiche Art. Ein endloses Spiel in dem Wettbewerb, wer das ärmere Opfer ist.

Eine andere Variante der Opferrolle ist es, die Schuld immer bei sich zu sehen. Aggression und Groll richten sich in diesem Fall gegen sich selbst. „Ich bin ja so unfähig“, „Ich greife ja immer daneben“, „Es ist meine Schuld“. In diesem Fall dient die Selbstbezichtigung als Begründung dafür, dass das Opfer keine Verantwortung für irgendein brauchbares Ergebnis übernimmt.

---

31 Vgl. Christine Bauer-Jelinek, Die geheimen Spielregeln der Macht.

In beiden Varianten liefert die Opferrolle die Begründung für den eigenen Misserfolg und lässt scheinbar keinen Ausweg – egal ob durch die Schuld des anderen oder durch eigene Schuld.

Der innere Groll, der mit der Opferrolle verbunden ist, hindert den Menschen daran, sich für die Liebe zu öffnen, die an sich überall vorhanden ist. Das Opfer traut der Wertschätzung und der Liebe nicht. Selbst wenn sie sich offensichtlich anbieten, vermutet das Opfer dahinter eine schlimme Falle und lehnt ab. Damit kann das Opfer nie Liebe erleben – die Überzeugung, dass die Welt lieblos sei, bestätigt sich von selbst.

Im Täter hingegen findet das Opfer in gewisser Weise das eigene innere Bild bestätigt. Das erklärt, warum bestimmte Menschen immer wieder auf bestimmte Täter – Typen hereinfallen und zu Opfern werden. Die Opfer-Täter-„Spiele“ werden – oft in der Kindheit beginnend – immer und immer wieder gespielt.

Dies rechtfertigt übrigens *nicht* die Handlungen des Täters. Auch wenn das Opfer seine Rolle in diesem Spiel spielt, hat der Täter die volle Verantwortung für seine Handlungen und deren Folgen.

Die – oft verborgenen – Gewinne aus der Opferrolle machen erklärlich, warum viele Menschen so schwer aus dieser Rolle heraus kommen. Sie nehmen viele Schmerzen, Nachteile und Misserfolge in Kauf, um darin zu verharren.

Auf der anderen Seite sind Schmerzen unangenehm, das Selbstwertgefühl leidet, sodass der Mensch eines Tages beschließt, nicht mehr Opfer zu sein.

Manchmal kehrt an diesem Punkt das Opfer den Spieß um und wird selbst zum Täter, z. B. geschieht das massenhaft in einer Revolution. Das Täter-Opfer-Spiel geht weiter, diesmal mit umgekehrten Vorzeichen.

Eine andere, bessere Möglichkeit ist, sich auf gleiche Augenhöhe mit anderen Menschen zu begeben und vom Opfer zum gleichwertigen Partner zu werden. Damit ist man weder Opfer noch Täter, man ist aus dem endlosen Spiel heraußen.

Triumph und Elend der Täterrolle

Der erfolgreiche Täter hat die Genugtuung, als Sieger über den anderen zu triumphieren.

Jedoch auch der Täter ist Gefangener im Täter-/Opfer-Spiel. Der Täter muss immer darum kämpfen, in der nächsten Runde nicht selbst zum Opfer zu werden.

Als Täter (übrigens genau so als Opfer) wird man nie authentische, befriedigende Kooperation erleben. Man verbreitet Angst und Misstrauen. Es ist eine sehr einsame Rolle, immer mit dem Verdacht, dass einen die anderen anlügen. Unter diesen Bedingungen gibt es keine Teamarbeit und auch keinen wirklichen Teamerfolg.

Der Täter bekommt keine ehrliche Liebe und Anerkennung, nach der er wie jeder andere Mensch Sehnsucht hat. Er sucht dies zu kompensieren, z. B. durch Macht über andere oder indem er sich Liebe erkaufen will.

Systemische Wirkungen Darüber hinaus kommt eine bisher wenig beachtete systemische Dynamik ins Spiel, die insbesondere für Führungskräfte in der Täterrolle zur Falle werden kann:

Wenn z. B. jemand gemobbt, damit zum Opfer gemacht und schließlich auf ungute Art aus der Gruppe entfernt wird, dann reagiert das soziale System mit seiner Eigendynamik darauf: Die gemobbte Person ist zwar körperlich weg, aber im System der Gruppe hat sie immer noch Wirkung. Sobald das „schwarze Schaf" weg ist, finden sich aus oft unerklärlichen Gründen Personen, die dem Opfer gegenüber – meist unbewusst – loyal sind. Sie machen auf sonderbare Art Schwierigkeiten, provozieren Konflikte etc. Bald hat die Gruppe ein neues schwarzes Schaf.

Solange diese Dynamik wirksam ist, wird das Team nur suboptimale Ergebnisse bringen. Wer Opfer produziert, erzeugt damit weitere Folgekonflikte.

Systemische Organisationsaufstellungen sind ein geeignetes Instrument, um solche unerwünschten Wirkungen aufzuspüren und einer guten Lösung zuzuführen.

Weder Opfer noch Täter haben einen guten Platz im System

Beruft sich ein Vorgesetzter ausschließlich auf seine Positionsmacht (2. Lebensebene, patriarchalischer Führungsstil) lähmt das seine Mitarbeiter. Sie werden zu „Leibeigenen" gemacht, die Befehle ausführen, ohne selbständig zu denken. Sie werden versuchen, nicht negativ aufzufallen, und vermeiden, Verantwortung zu übernehmen. Der Vorgesetzte übernimmt die Rolle des Täters, der Mitarbeiter die Rolle des Opfers, das relativ lustlos und mit mittelmäßigem Ergebnis vor sich hinarbeitet.

Systemisch betrachtet, blockieren durch diesen unterschwelligen Konflikt Vorgesetzter und Mitarbeiter einander.

Beide – sowohl Führungskräfte als auch Mitarbeiter – versuchen, sich abzusichern, indem sie ihre Positionen „einzementieren", weil sie sich an ihrem Platz unwohl fühlen.

Ein Unternehmen, in dem solche Beziehungen vorherrschen, wird starr und unbeweglich sein und sich auf einem dynamischen Markt schwer behaupten können.

Beruft sich der Vorgesetzte vorwiegend auf seine Gestaltungsmacht (3. Lebensebene, technokratischer Führungsstil), so argumentiert er mit dem Sachzwang: Man muss neue Produkte auf den Markt bringen, man muss Kosten sparen, man muss die Effizienz steigern, man muss Ziele erreichen, man muss ...

Viele dieser Argumente sind einleuchtend und gerade ehrgeizige Mitarbeiter werden ihnen folgen und sich selbst unter Druck setzen, die Vorgaben zu erfüllen. Jedoch fehlt in einem solchen System die Wertschätzung. Mitarbeiter werden im Sinne des eigenen Vorteils ebenso strategisch denken wie ihre Vorgesetzten, es kann keine Loyalität zum Unternehmen entstehen. Zusammenarbeit geschieht nicht aus Begeisterung, sondern aus einem strategischen Kalkül, das schnell wechseln kann. Man arbeitet aus Vernunftüberlegungen zusammen, aber man ist einander nicht sympathisch.

Das ist keine Partnerschaft, sondern ein strategisches Spiel um Macht und Einfluss im Unternehmen. Durch die interne Konkurrenz steigt der Druck, bis einzelne auf der Strecke bleiben – das Burn-out Syndrom erfasst Führungskräfte und Mitarbeiter. Sie finden sich plötzlich und unerwartet als Ausgebrannte in der Opferrolle wieder.

Der ungehemmte Konkurrenzkampf schafft ein Konfliktpotenzial, das ständig die eigene Position bedroht. Auch in dieser Situation wird das Vermeidungsverhalten vorherrschend – nämlich zu vermeiden, dass die eigene Position verloren geht. Aus systemischer Sichtweise finden weder Führungskräfte noch Mitarbeiter Positionen, in denen sie sich so sicher fühlen können, dass sie konzentriert und engagiert für den Unternehmenserfolg arbeiten.

Von hemmungslosem Konkurrenzkampf zu unterscheiden ist fairer Wettbewerb um die besten Ideen und die besten Beiträge fürs Unternehmen. Dies ist eine freundliche Art, voneinander zu lernen und immer besser zu werden. Jeder kann den Platz im Unternehmen finden, der seinen besten Fähigkeiten entspricht, jeder weiß, dass nur die Mannschaft gewinnt, und leistet den bestmöglichen Beitrag zum gemeinsamen Erfolg. Fast jeder kann so Gewinner sein, es gibt keine Verlierer, keine Opfer.

Die „Dritte" Lösung: Vergebung ...

Solange es Täter- und Opferrollen gibt, existieren latente Konfliktpotenziale im Unternehmen. Oft sind dies kalte Konflikte, die bereits jahrelang schlummern, um dann im Anlassfall als heiße Konflikte aufzubrechen.

Als Trainer beobachten wir häufig, wie Problemlösungen, die sachlich sinnvoll und machbar wären, unmöglich werden, weil alte Verletzungen nicht bewältigt sind.

So hat in einem Handelsunternehmen ein Sachbearbeiter vor drei Jahren eine Kollegin vor versammeltem Team lächerlich gemacht. Die Kollegin glaubt, dass sie dabei ihr Gesicht verloren hat und das ist für sie eine Verletzung, die sie heute noch schmerzt. Worum es sachlich damals gegangen ist, weiß sie nicht mehr genau, aber an die Situation, als alle über sie lachten, kann sie sich noch genau erinnern. Wenn sie nur daran denkt, spürt sie, wie sich ihr Magen verkrampft.

Jetzt soll sie mit diesem Kollegen in einem Projekt zusammenarbeiten, aber beide können miteinander nicht einmal die sachlich notwendigen Dinge besprechen, ohne dass gleich ein Konflikt entsteht.

Dies ist eine typische Situation, in der zumindest einer von beiden nicht aus der Täter- bzw. Opferrolle ausgestiegen ist.

Oft kann das Opfer eine Kränkung oder Verletzung nicht verwinden. Manche Opfer sagen dann: „Ich kann zwar verzeihen, aber nicht vergessen". Diese Aussage heißt nichts anderes, als dass das Opfer nach wie vor einen Groll oder sogar einen Hass gegen den Täter in sich trägt – also in Wirklichkeit gar nicht vergeben hat.

Gleichzeitig fühlt sich der Täter unterschwellig schuldig und versucht, dieses Gefühl durch „besonderes“ Verhalten zu kompensieren, sei es durch Verharmlosung, durch unpassenden Humor, durch übertriebene Freundlichkeit oder durch besonders forsches Auftreten.

Unbeglichene Schuld behindert sowohl Opfer als auch Täter. Sie kann nur durch Vergebung getilgt werden.

Was kann der Täter zur Lösung beitragen? Jemand kann unabsichtlich in die Täterrolle kommen, indem er z. B. eine Aussage macht, die harmlos oder witzig gemeint ist, aber bei der anderen Person ganz anders ankommt und sie zutiefst verletzt.

Andere wählen die Täterrolle bewusst als Teil ihrer Strategie: sie praktizieren „Ellbogentechnik“: Um in der Karriere voranzukommen, lassen sie Schwerverletzte und Leichen hinter sich.

Tipp Nr. 1: Vermeiden Sie, jemanden zum Opfer zu machen! Jemand kann zum Opfer werden, indem er sein Gesicht verliert, indem sein Selbstwertgefühl verletzt wird, indem er auf ungerechtfertigte Art seinen Job verliert, ...

Sollte Ihre Strategie eine bewusste Täter-Strategie sein, schauen Sie bitte genau hin, was die Auswirkungen dieser Strategie auf sich und andere sind (siehe oben) und treffen Sie bewusst Ihre neuerliche Entscheidung. Die Wahl der Strategie ist natürlich auch eine Frage der Werte und damit eine zutiefst persönliche Entscheidung.

Tipp Nr. 2: Wenn Sie – und sei es unabsichtlich – eine Person verletzt haben, suchen Sie das klärende Gespräch und sagen Sie: „Es tut mir leid!“ und (wenn es stimmt): „Es war von mir nicht so gemeint, wie es bei Ihnen angekommen ist.“

Wenn die Verletzung vor dem ganzen Team passiert ist, sagen Sie das vor dem ganzen Team. Jeder wird Ihren Mut achten.

Manchmal ist ein darüber hinaus gehender Ausgleich im Sinne einer Wiedergutmachung nötig, um das Gleichgewicht im System wieder herzustellen.

Ziel ist es in jedem Fall, dass Wertschätzung, Kontakt und Vertrauen (wieder) entstehen. Es geht um die Lösung und nicht darum, sich selbst oder andere zu beschuldigen. Sie ermöglichen der anderen Person, aus der Opferrolle wieder auszusteigen und in die Kooperation einzusteigen.

Wie aus der Opferrolle aussteigen? Wenn jemand in die Opferrolle geraten ist, erscheint diesem der Täter in der Regel als der Stärkere. Das Opfer sieht aufgrund seiner Schwäche wenig Chancen, die Situation zu verbessern.

Manchmal ist der Täter gar nicht mehr erreichbar, weil, übersiedelt, verstorben oder er steht aus anderen Gründen nicht mehr für ein klärendes Gespräch zur Verfügung.

Verbessern können wir nur etwas, das wir auch beeinflussen können. Faktum ist, dass wir niemals einen anderen Menschen ändern können, insbesondere dann, wenn dieser gar nichts ändern will. Wir können nur unser eigenes Verhalten und unsere eigenen Einstellungen verändern. Dies verändert unweigerlich die Beziehung zwischen zwei Personen. Oft verändert in der Folge auch der andere sein Verhalten und seine Einstellungen, aber das ist nicht kontrollierbar.

Erwägen Sie dazu folgende Gedanken:

So lange wir einen Groll hegen gegen denjenigen, der uns verletzt hat, sind wir in den Konflikt verstrickt, und kommen aus der Opfer-Täter-Spannung nicht heraus. Groll vergiftet uns körperlich (Cortisol wird ins Blut ausgeschüttet und schädigt die inneren Organe) und seelisch.

Was wäre, wenn jede Situation, in der wir uns verletzt, bedroht, geschädigt, ... fühlen, in Wirklichkeit eine gute Gelegenheit wäre, alten Groll, alte Verletzungen, negative Überzeugungen etc. hinter uns zu lassen und ein Stück persönliche Freiheit zu gewinnen?

Was wäre, wenn das Leben uns genau diesen Menschen, der uns Schwierigkeiten macht, geschickt hätte, damit er uns zu dem Punkt hinführt, wo wir Barrieren und Hindernisse erkennen und dann auflösen können?

Dann wäre es doch unsinnig, andere dafür verantwortlich zu machen und zu beschuldigen!

Dann enthält jede unangenehme Situation eine Botschaft, die uns darauf hinweist, was wir verbessern oder heilen können.

Dann wäre das doch eine Riesenchance!

Wenn wir diesem Gedankengang folgen, können wir weiter fragen:

Warum habe ich gerade diesen Menschen und diese Situation in mein Leben einbezogen?

Was wiederholt sich da in meinem Leben?

Welche Einschätzung bestätigt mir dieser Mensch, die ich über mich selbst habe?

„Wir erzeugen immer unsere Realität gemäß unseren eigenen Überzeugungen. Wenn Du Deine Glaubensmuster kennen lernen möchtest, dann schau Dir an, was Du in Deinem Leben hast.“[32]

Damit wird Vergebung zu etwas ganz anderem, was gemeinhin mit „Verzeihung“ gemeint ist.

Vergebung heißt *nicht*, von oben herab gnädig dem „armen Sünder“ seine Schuld zu verzeihen – denn damit stelle ich mich über den anderen, und wir können uns nicht auf Augenhöhe begegnen. Das Täter-/Opferspiel würde von Neuem beginnen.

Vergebung heißt *auch nicht*, dass ich mir vom anderen alles gefallen lasse, denn dann würde ich ja wieder zum Opfer.

Vergebung heißt, dass ich

- erkenne, wie ich durch meine eigenen Einstellungen und Verhaltensweisen dazu beigetragen habe, in die Opferrolle zu fallen,
- erkenne, welches Muster sich in meinem Leben wiederholt,
- die bewusste Entscheidung treffe, hinderliche Einstellungen und Verhaltensweisen hinter mir zu lassen,
- in der gegebenen Situation eine klare Entscheidung treffe: change it, love it or leave ist (siehe Kasten),
- Zorn, Ärger, Groll, Angst, Bedauern, Verletztheit hinter mir lassen kann und für Neues offen bin,
- mich entscheide, in künftigen, ähnlichen Situationen mit neuen, förderlichen Einstellungen und Verhaltensweisen zu agieren.

Vergebung kann man nicht „machen“, aber ich kann meine Einstellungen ändern, und allmählich werde ich merken, dass mich viele Verhaltensweisen

[32] Tipping, Ich vergebe, S. 26.

Kasten 9

Change it, love it, leave it

Wenn wir ein Problem oder einen Konflikt mit einem anderen Menschen haben, stehen uns exakt drei Möglichkeiten zur Verfügung, damit umzugehen:

1. Change it: Ich will etwas verändern, dazu setze ich bestimmte Aktivitäten, z. B. führe ich ein klärendes Gespräch.

2. Love it: Ich kann oder will aus guten Gründen an dem, was mich stört, nichts ändern, will aber die Beziehung aufrecht erhalten – ich ändere lediglich meine innere Einstellung so, dass ich die Situation von nun an positiv sehen und ihr zustimmen kann.

3. Leave it: Ich kann oder will aus guten Gründen an dem, was mich in der Beziehung oder in der Situation stört, nichts ändern, aber sie ist für mich inakzeptabel. Ich beende die Beziehung oder Situation.

Solange wir uns nicht klar für eine der drei Möglichkeiten entscheiden, sind wir in einem inneren Konflikt, wir fühlen uns zerrissen und unser Handeln wird schwankend und inkonsequent.

Jede der drei Alternativen kann die richtige Entscheidung sein. Wichtig ist jedoch, *dass* wir uns auf Dauer klar für eine Alternative entscheiden.

(Das Prinzip „Change it, love it, leave it" taucht in vielen US-amerikanischen Quellen auf. Die ursprüngliche Quelle war für uns nicht identifizierbar.)

von anderen, die mich früher auf die Palme gebracht haben, nun nicht mehr aufregen.

Für diesen Prozess kann es erforderlich sein, professionelle Begleitung durch einen Coach in Anspruch zu nehmen.

Vergebung befreit Opfer und Täter … von einer schweren Last. Vergebung ermöglicht, frei über das eigene Verhalten zu entscheiden. Sie befreit mich aus der Opferrolle, ohne dass ich in die Täterrolle wechseln müsste. Sie ermöglicht, auf andere Menschen freundlich zuzugehen, aber auch sich im richtigen Moment auf klare Art und Weise abzugrenzen und zu schützen. Sie ermöglicht, auf eine leichte und wirkungsvolle Art die eigenen Ziele zu erreichen und gleichzeitig einen Beitrag für andere zu leisten.

Ob meine Vergebung erfolgreich war, erkenne ich daran, dass ich auf den vormaligen Täter zugehen und die passende Distanz frei wählen kann, ohne inneren Druck oder Aggressivität zu empfinden. Schließlich kann ich sagen: „Ich bin dankbar, dass mir der andere diese Schwierigkeiten gemacht hat. So hat er mir unbewusst geholfen, einen wichtigen Schritt vorwärts zu tun".

Vergebung ermöglicht fairen Austausch

Von fairem Austausch kann man dann reden, wenn Geben und Nehmen im Gleichgewicht sind – dies gilt sowohl für den emotionalen wie auch für den finanziellen Austausch.

Hat einer das Gefühl, Opfer zu sein, so glaubt er, dass ihm zu Unrecht etwas genommen wurde.

Und der Täter weiß tief drinnen, dass er zu Unrecht etwas genommen hat. Familienaufstellungen zeigen übrigens, dass häufig die Nachkommen des Täters unbewusst versuchen, begangenes Unrecht auszugleichen, indem sie sich z. B. selber Schaden zufügen.

Wenn das Opfer aus der Opferrolle aussteigt und der Täter die Täterrolle hinter sich lässt, dann ist das Ungleichgewicht von Geben und Nehmen gelöst. Beide sind frei, mit wem immer sie wollen in eine Partnerbeziehung einzutreten.

Vergebung, Vision und Liebe: Viktor Frankl

Wir erzählen hier die Geschichte von Viktor Frankl, denn sie zeigt, wie ihm seine Vision Sinn gab und der Sinn ihm das Überleben unter lebensbedrohlichen Bedingungen ermöglichte. Sie zeigt auch, wie seine Liebe und Vergebung dazu beigetragen haben, dass er nach diesen schlimmen Erfahrungen wieder äußerst erfolgreich wurde.

Auch wenn die meisten von uns nicht in derartige Extremsituationen kommen werden, so kann diese Geschichte jeden von uns ermutigen, sich in schwierigen Situationen wieder aufzurichten, die Schwierigkeiten etwas gelassener zu betrachten und im Vertrauen auf die Liebe wieder vorwärtszugehen.

Viktor Frankl (1905–1997) war Arzt, Psychologe und Psychiater. Vor dem 2. Weltkrieg leitete er namhafte Kliniken in Wien. In der Nazizeit verlor er aufgrund seiner jüdischen Herkunft alle Positionen und wurde ins Konzentrationslager Theresienstadt deportiert. Später kam er nach Kaufering, einer Außenstelle des KZ Dachau. Seine Frau und viele seiner Verwandten wurden in Vernichtungslagern umgebracht.

Frankl wurde in dieser Zeit bis an die äußersten Grenzen des Erträglichen gebracht. Im Gegensatz zu anderen, die Ähnliches zu ertragen hatten, überlebte er.

Frankl beobachtete, dass viele seiner Leidensgenossen angesichts der Schrecken keinen Sinn mehr in ihrem Leben sahen, sich selbst aufgaben und in der Folge an Erschöpfung und Krankheiten starben oder Selbstmord begingen.

Über sich selbst erzählt er in berührender Weise, wie er, schwach vor Kälte und Hunger, mit nassen, frierenden Füßen seinen erschöpften Körper zur Arbeit beim Bahnschienenverlegen schleppte und knapp am Zusammenbruch war. In dieser Situation verschob er seine Aufmerksamkeit von der aktuellen schrecklichen Situation in die Zukunft. Er stellte sich vor, wie er, nachdem er das Konzentrationslager verlassen hat, in einem warm geheizten Hörsaal sitzt und den Studenten über seine Erfahrungen berichtet. Wie er ihnen vermittelt, dass er gerade aus der schrecklichen Situation gelernt hat und gestärkt daraus hervorgegangen ist.

Frankl hatte also in dieser Zeit tiefster Demütigung eine Vision und damit bekam sein Leben einen Sinn.

Der Sinn half ihm, sich selbst nicht aufzugeben, im Gegensatz zu vielen anderen. Frankl überlebte – und das ohne Bitterkeit.

Nach seiner Befreiung aus dem KZ durch die US-Armee kehrte Viktor Frankl nach Wien zurück. Er setzte genau die Vision um, die er im KZ entwickelt hatte. Er gründete die psychotherapeutische Schule der Logotherapie, die internationale Anerkennung fand. Er verfasste 32 Bücher, die in viele Sprachen übersetzt wurden.

1946 wurde er Vorstand der Wiener Neurologischen Poliklinik und erfüllte diese Aufgabe bis 1971. Er wurde in Wien zum Professor ernannt. Er lehrte an vielen Universitäten, u. a. in den USA, und bekam zahlreiche Ehrendoktorate verliehen.

Paradoxerweise haben Viktor Frankl gerade die schrecklichen Erfahrungen im KZ erst ermöglicht, seine Schule der Logotherapie zu entwickeln. Er hatte selbst erlebt, wie entscheidend für die Lebenskraft die Frage ist, ob der Mensch einen Sinn im Leben erkennt.

Für Frankl war das Leben nicht primär die Suche nach Triebbefriedigung oder Macht, wie etwa bei Freud oder Adler, sondern vielmehr die Suche nach dem Sinn.

Jede Lebenssituation kann Sinn geben. Sinn können wir finden in unserer Arbeit. Z. B. kann ein Arbeiter, der Sicherheitsschlösser produziert, seine Arbeit als bedeutend und damit sinnvoll erleben, indem er daran denkt, dass sein Produkt viele Menschen schützt.

In einer zwischenmenschlichen Beziehung kann das „Für jemanden da Sein", sich um den anderen in Liebe sorgen und kümmern, Sinn geben.

Für andere Menschen kann das mutige Bewältigen einer schwierigen Situation Sinn machen.

Das Leben mutet uns manchmal schmerzhafte Erfahrungen zu, sodass vielleicht manches, was uns lieb und teuer ist, verloren geht. Aber immer bleibt uns die Freiheit, zu entscheiden, ob wir einen Sinn darin erkennen und diesen annehmen wollen. Ob wir für immer im Bedauern des Verlustes stecken bleiben. Oder ob wir nach einer Trauerphase den Blick wieder nach vorne richten und die Aufgaben sehen, die auf uns warten.

Die äußeren Bedingungen und Dynamiken können wir nie zur Gänze kontrollieren, aber wir können uns für eine bestimmte Antwort darauf entscheiden.

Frankl zeigt, dass wir auch in Zeiten schwerster Niederlagen diese Wahl haben. Er greift auf Nietzsche zurück, wenn er sagt, dass derjenige, der ein WARUM, d. h. einen Sinn im Leben sieht, fast jedes WIE, also fast alle Bedingungen aushalten und überleben kann.

Frankl sah im Leiden selbst keinen Sinn. Wenn wir in eine unabänderliche Situation kommen, dann begegnen wir der Herausforderung, uns selbst zu verändern – unsere Einstellungen und Verhaltensweisen. Und das macht Sinn.

Wir können uns entscheiden, in die Opferrolle zu gehen und dort verbittert auszuharren. Wir können uns aber auch fragen: Was will mir diese Situation sagen – was soll ich in meinem Leben ändern, wie Frankl es getan hat. So ist es möglich, aus der Opferrolle auszusteigen und neue, bessere Lösungen zu finden. Manchmal braucht es auch die Geduld, die Situation so anzunehmen, wie sie ist, das Beste daraus zu machen und die Augen offen zu halten, um zu erkennen, wo sich neue Chancen auftun.

Frankl selbst blieb keineswegs in der leidvollen Vergangenheit hängen. Er legte seine Erkenntnisse auf das „normale" Leben danach um.

Er sah, dass viele Probleme des menschlichen Lebens, wie Aggressionen, Depressionen, Abhängigkeiten, Süchte usw. durch ein existenzielles Vakuum entstehen. In der Zeit nach dem 2. Weltkrieg, als das Wirtschaftswunder entstand, zeigte sich dieses Vakuum in Form von Langeweile und Sinnlosigkeit. Dies hing mit der plötzlich verfügbaren Freizeit zusammen. Viele Menschen verspürten eine plötzliche Leere in ihrem Leben, wenn Eile und Anstrengung der Woche vorüber waren und sie Zeit für sich hatten.

Im 21. Jahrhundert zeigt sich das existenzielle Vakuum in neuer Form. Viele der schnellen Veränderungen kann der Mensch innerlich nicht nachvollziehen. Manche Menschen gehen in extreme Aktivität, um ihre innere Leere zu überspielen und wirken dabei überhaupt nicht depressiv. Bei anderen kann sich diese Kompensation in Form von einseitiger Macht- oder Geldorientierung äußern, von extrem ausgeprägter Vergnügungssucht oder auch sexueller Fixierung.

Die Lösung kann nach Frankl darin bestehen, dass der Mensch in seiner Lebenssituation den für sich einzigartigen Sinn findet. Denn jeder Mensch ist gefordert und aufgerufen vom Leben. Es geht darum, den Ruf zu hören und seiner Mission im Leben zu folgen.

Eng mit dem Sinn verknüpft ist für Frankl die Liebe.

Die Form der Liebe, von der Frankl spricht, geht weit über die Liebe zwischen Mann und Frau hinaus. Sex ist für Frankl ein Ausdruck von Liebe, ein Transportmittel von Liebe, aber nicht die Liebe an und für sich.

Er spricht von der Liebe, die keine Bedingungen stellt, nicht beurteilt oder verurteilt, sondern einfach da ist. In dieser Form der allumfassenden, bedingungslosen Liebe sieht er den einzigen Weg, einen anderen Menschen in der Tiefe seiner Seele zu erreichen. Ohne Liebe ist es nicht möglich, sich der Essenz des anderen bewusst zu werden.

Durch Liebe ist es auch möglich, das Potenzial im anderen zu erkennen, das noch nicht entwickelt und aktualisiert ist. Liebe fördert das persönliche Wachstum beim anderen.

Frankl selbst hat diese Liebe gelebt. Er, der alle nur erdenklichen Gräuel erlebte, verurteilte niemanden, wies niemandem Schuld zu und erklärte in vielen seiner Reden öffentlich, dass es für ihn die kollektive Schuld nicht gäbe. Er zeigte auch immer wieder auf, dass es nicht das *Gute* oder *Böse* gibt, sondern dass der einzelne Mensch eine Entscheidung über sein Verhalten trifft und dafür die Verantwortung trägt.[33]

---

[33] Vgl. Viktor E. Frankl, Man's search for meaning.

4. Kapitel
Konflikte dauerhaft lösen

Wenn wir es schaffen, unsere eigenen Konflikte zu einer befriedigenden Lösung zu bringen, steigern wir entscheidend unsere Lebensqualität und die unserer Umgebung.

Wenn wir anderen helfen, Konflikte zu lösen, dann helfen wir ihnen, aus einer Energie raubenden Situation in einen kraftvollen Zustand zu kommen.

Manchen Menschen ist es nicht bewusst, dass sie unter Konflikten leiden. Sie bezeichnen sich selbst als „konfliktfreudig" und leben innerlich permanent in Konfliktzuständen. Sie kennen keinen anderen Zustand und merken nicht, was sie sich und anderen damit antun.

Wenn wir Konflikte lösen, setzen wir unermessliche Energien frei: Jene Energien, die bisher im Kampf *gegen* jemanden oder etwas gebunden waren, befreien sich, beginnen zu leben und stehen zur Verfügung im Handeln *für* etwas oder jemanden – das heißt, für unseren Erfolg.

Dann können wir gemeinsam mit anderen unser Menschsein entfalten, als Team zusammenwirken. Unsere gemeinsame Wirkung wird mehr sein als die Summe der Einzelwirkungen: Synergie entsteht.

Der Zustand von Konflikt

Wenn wir eine Situation in unserer Umwelt als Konflikt erleben, dann spüren wir im Inneren die Spannung, wir empfinden den Konflikt als Gefühl in uns selbst.

Der Zustand von Konflikt ist unsere Reaktion auf Konflikte im Äußeren.

Und umgekehrt: Wenn wir innerlich in einem Zustand von Konflikt sind, tendieren wir dazu, Konflikte im Äußeren zu erzeugen.

Dabei ist es egal, ob sich dieser Konflikt in sichtbaren Auseinandersetzungen zwischen Personen manifestiert (heißer Konflikt), oder ob er unterschwellig bleibt, ohne dass es zu einer offenen Auseinandersetzung kommt (kalter Konflikt).

Wir sind bereits innerlich in einem Zustand von Konflikt, wenn wir denken: „Hoffentlich mache ich eine vorteilhafte Figur", „Hoffentlich kriege ich den soweit, dass ..“, „Hoffentlich schaffe ich, dass …“, „Oje, da muss ich vorsichtig sein …“, „Dem werde ich es zeigen“.

Für viele Menschen ist der Zustand von Konflikt der alltägliche, normale Zustand.

Haben Sie einen Verkäufer erlebt, der drängelt, Ihnen die Ware aufschwätzen will? Wie haben Sie sich dabei gefühlt?

Der Zustand von Konflikt erzeugt Stress, indem er uns dauernd auf Alarmstufe hält.

Der Zustand von Konflikt erzeugt am Ende Sieger und Verlierer.

Derjenige, der sich im Zustand von Konflikt befindet, verliert den Kontakt zum anderen und damit auch die Wahrnehmung für diesen. Gleichzeitig verliert er den Kontakt zu sich selbst: Er wird immer mehr vom Konflikt vereinnahmt und vergisst dabei das ursprüngliche Ziel, das er hatte.

Der Zustand von Kooperation

Der Zustand von Kooperation ist nichts, was wir künstlich herbeiführen müssten. Jeder Mensch hat in sich die Fähigkeit zur Kooperation, auch wenn er sie manchmal noch nicht entdeckt hat.

Den Zustand von Kooperation, den das kleine Kind schon in sich hat, gilt es wiederzuentdecken – aber nicht mit der Naivität des Kleinkindes, sondern mit all den vielen Erfahrungen, die wir als Erwachsene in der Zwischenzeit gemacht haben.

Im Zustand von Kooperation sind wir in Kontakt mit unserem Gesprächspartner, wir nehmen ihn wahr und können auf ihn eingehen. Gleichzeitig sind wir uns unserer eigenen Ziele und Interessen bewusst. So kann ein konstruktiver Dialog zwischen zwei gleichwertigen Partnern entstehen.

Arten von Konfliktlösung

Konflikte begleiten die Menschheit seit undenklichen Vorzeiten – ob es sich um Rangordnungskämpfe in der Urhorde handelt, um einen Ehekrach, um einen Arbeitskonflikt, um eine Wirtshausrauferei oder einen Weltkrieg.

Konflikte können in der Vernichtung enden.

Konflikte können aber auch völlig neue Perspektiven eröffnen. So fanden sich in Österreich – nachdem die Kämpfe in der Zwischenkriegszeit zum Bürgerkrieg geführt und in der Folge die Nazi–Herrschaft ermöglicht hatten – nach Ende des 2. Weltkrieges Arbeitgeber und Arbeitnehmer zusammen und entwickelten ein neues Modell der Zusammenarbeit: die Sozialpartnerschaft. Sie wurde in den folgenden Jahren zur Grundlage des wirtschaftlichen Aufschwungs in Österreich.

Immer dann, wenn es unterschiedliche Interessen, Meinungen, Sichtweisen gibt, wird es auch Konflikte geben. Je nachdem, auf welcher Lebensebene diese Konflikte ausgetragen werden, kommt es zu ganz unterschiedlichen Lösungen.

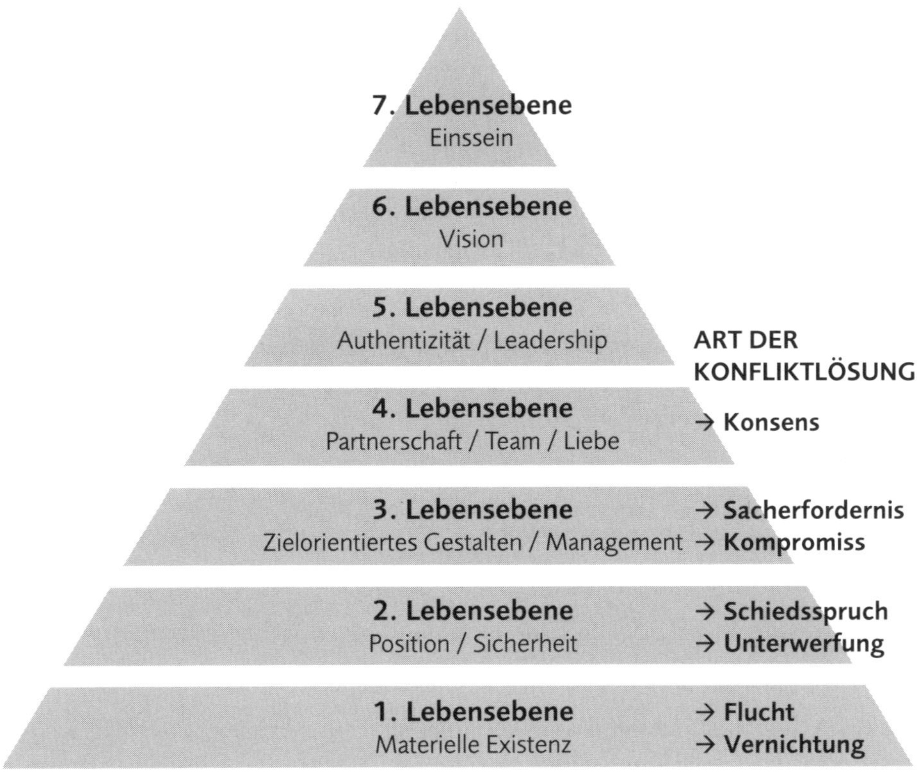

1. Lebensebene: Vernichtung oder Flucht Auf der 1. Lebensebene kämpfen die Konfliktparteien um ihre materielle Existenz: Zwei Urhorden treffen in der Wildnis in einem Jagdgebiet aufeinander. Das jagbare Wild in dieser Gegend reicht nur für *eine* Horde. Es kommt zu einem Kampf auf Leben und Tod. Dieser Kampf kann nur mit der Vernichtung oder mit der Flucht einer der beiden Parteien enden.

Die entsprechenden Instinkte sind nach wie vor im Menschen. So kann der Kampf zweier Rivalen um eine Karriereposition damit enden, dass einer der beiden vernichtet bzw. in die Flucht geschlagen wird, d. h., die Firma verlässt.

2. Lebensebene: Unterwerfung oder Schiedsspruch Auf der 2. Lebensebene geht es darum: Wer beherrscht wen bzw. wer behält recht? Der Feudalherr unterwirft die Bauern als Leibeigene mit der Begründung, dass er Grund und Boden besitzt. Er vernichtet sie nicht und vertreibt sie auch nicht. Er hat eine bessere Idee: Er lässt sie für sich arbeiten.

In der Jetztzeit spricht man von patriarchalischem Führungsstil, wenn die Führungskraft ihre Mitarbeiter zu „Leibeigenen" oder „Sklaven" macht.

Sind die beiden Parteien etwa gleich stark, wie etwa zwei Händler auf dem Markt, die um die Zahlung des Warenwertes streiten, dann rufen sie eine dritte, höhere Instanz an. Sie gehen zum Richter, der im Gerichtsverfahren per Schiedsspruch entscheidet, wer recht hat.

Die Klage bei Gericht als Versuch der Konfliktlösung ist auch heute weit verbreitet und erweist sich in der Regel für die Konfliktparteien als kostspielig. Gleichzeitig ist das Gerichtswesen nach wie vor ein wesentlicher Ordnungsfaktor in der modernen Gesellschaft.

3. Lebensebene: Der Kompromiss Die klassische Konfliktlösung auf der 3. Ebene ist der Kompromiss.

Mit dem Aufschwung der Industrie im 19. und 20. Jahrhundert entwickelte sich der Kompromiss als neue Konfliktlösungsform.

Als die Arbeitsbedingungen in der Industrie für die Arbeiter unerträglich geworden waren, erkannten diese, dass sie als Einzelne keine Chance hatten, etwas zu verändern. Sie schlossen sich zu Gewerkschaften zusammen – jetzt wurden sie zur Macht, sie konnten streiken und wurden dadurch für die Unternehmer ernst zu nehmende Gegner. Nach vielen Kämpfen und zahlreichen Verlusten erkannten beide Seiten, dass es besser ist, sich an einen Tisch zu setzen und zu verhandeln, als zu streiken und auszusperren.

So verhandelten zwei Parteien miteinander, die entgegen gesetzte Ziele hatten, aber gleichzeitig wussten, dass sie ohne einander nicht leben konnten. Jeder stellte seine Forderungen, am Schluss traf man sich – je nach aktuellen Kräfteverhältnissen – irgendwo in der Mitte: der klassische Kompromiss.

Beim Kompromiss handelt es sich um eine Vernunftlösung, bei der jede der beiden Parteien am Schluss unzufrieden ist, gleichzeitig aber weiß, dass es keine bessere Lösung gibt. Auch wenn man einander nicht mag, so sucht man doch eine Vereinbarung.

Ähnlich dem Kompromiss ist die Konfliktlösung aufgrund eines Sacherfordernisses: Beide Parteien sehen die Notwendigkeit einer Maßnahme ein, auch wenn diese weh tut und stimmen einer entsprechenden Lösung zu, wenn auch ohne Begeisterung.

Ein typisches Beispiel für Kompromiss ist das 1997 verfasste und 2005 rechtskräftig gewordene Kyoto-Protokoll zur weltweiten Reduktion der Treibhausgase: nach langen Verhandlungen einigte man sich auf einen Kompromiss, der den Vertragsstaaten konkrete Reduktions- bzw. Emissionsziele vorschreibt. Die Umweltschützer kritisierten das Ergebnis als zu wenig weit gehend, Vertreter der Wirtschaft hingegen befürchteten hohe Kosten durch die Umsetzung des Protokolls.

Die Parteien arbeiten nach Abschluss eines Kompromisses nicht begeistert für ein gemeinsames Ziel, aber sie können mit dem Ergebnis mehr oder weniger gut leben. Das bedeutet, dass es sich eigentlich um eine mittelmäßige Lösung handelt. Ein Teil der Energie ist in Vorbehalten und Groll gebunden. Im gegenseitigen Austausch hält jeder einen Teil zurück, weil er dem anderen nicht wirklich traut und taktiert. Es handelt sich um eine begrenzte Kooperation. Die nächste Runde im Spiel ist absehbar.

Es braucht also eine Lösung, die über den Kompromiss hinaus geht: den Konsens – damit kommt eine neue Qualität des Miteinanders ins Spiel, wir kommen auf die 4. Lebensebene.

4. Lebensebene: Konsens erzeugt Kooperation Während letztlich beim *Kompromiss* beide Parteien unzufrieden sind, aber aus Vernunftgründen der Lösung zustimmen, ist der *Konsens* eine Lösung, zu der alle JA sagen, weil sie ein **gemeinsames Ziel** haben. Sie sagen JA deshalb, weil nach dem Diskurs über die Einzelmeinungen am Schluss eine Lösung herausgekommen ist, die höherwertig ist, als die Summe der Einzelmeinungen. Da die Lösung viele Gesichtspunkte miteinbezogen hat, entspricht sie der Komplexität der Problemstellung.

Ein Team, ein Unternehmen, ein Projekt, das mit dem Konsens aller Beteiligten arbeitet, wird entschieden mehr Ergebnis bringen, als eines, das auf Kompromissen beruht.

Die Problem- oder Konfliktlösung Konsens mobilisiert die größtmöglichen Energien hin auf ein gemeinsames Ziel – das ist das höchste Maß an Kooperation.

Der Konsens ist die Lösung auf der 4. Ebene. Er schafft Teamgeist, Partnerschaft, Wertschätzung, Begeisterung für das Zusammenwirken in der Gemeinschaft.

Das folgende praktische Beispiel zeigt, wie aus einer ursprünglich blockierenden Konfliktsituation am Ende durch Konsens eine völlig neue Qualität der Zusammenarbeit entstehen kann.

Auf einer chirurgischen Station in einem angesehenen Krankenhaus schwelte schon lange ein Konflikt zwischen Ärzten und Schwestern. Wenn die Ärzte durch die Station gingen, fühlten sie sich durch die vielen Fragen der Schwestern belästigt. Denn als Chirurgen waren sie geistig schon bei der nächsten Operation. Die Schwestern beklagten auf der anderen Seite, dass sie von den Ärzten keine klaren medizinischen Anweisungen bekämen, von diesen aber im Nachhinein kritisiert würden, wenn sie deren Erwartungen nicht erfüllten.

Im Rahmen eines Teamworkshops brach dieser Konflikt offen aus. Das erste Mal wurde offen und ohne Zeitdruck über dieses Problem gesprochen. Nachdem sich die ersten Emotionen beruhigt hatten, kam man in ein konstruktives Gespräch. Das Ergebnis: Beide Seiten vereinbarten miteinander, sich täglich auf der Station zehn Minuten Zeit für ein Gespräch zu nehmen und konzentriert alle offenen Fragen zu klären. In der Praxis erwies sich diese Vorgangsweise als zeitsparend, weil dadurch Missverständnisse und fehlgeleiteter Arbeitsaufwand vermieden wurden. Beide Parteien hatten einen Gewinn aus der Lösung. Alle waren begeistert von dem Ergebnis und freuten sich, dass sie endlich mit der anderen Gruppe kooperieren konnten. Darüber hinaus hatten als „dritte Partei" die Patienten den Vorteil, mehr Qualität in Pflege und medizinischer Behandlung zu bekommen.

Mittel zur erfolgreichen Konfliktlösung

Mit den im Folgenden angeführten Instrumenten geben wir einige Anregungen, die helfen, bestehende Konflikte zu lösen. Sie sind aber auch dann hilfreich, wenn es darum geht, Probleme oder Meinungsverschiedenheiten gemeinsam so zu lösen, dass sie erst gar nicht zu Konflikten werden.

In Kontakt gehen Wir beobachten, dass Menschen den Kontakt mit anderen vermeiden, sobald Konflikte auftreten. Dies verhindert die Lösung des Konfliktes, denn dazu ist es gerade nötig, den Kontakt mit der anderen Partei wieder zu finden und miteinander zu reden. Der entscheidende Schritt zur Konfliktlösung besteht darin, dass eine der beiden Parteien es schafft, auf die andere zuzugehen. Dies erfordert manchmal eine innere Überwindung, insbesondere dann, wenn starke Emotionen im Spiel sind.

Bisweilen ist dazu die Unterstützung durch einen Mediator erforderlich, der in diesem Konflikt eine neutrale Position hat.

Zuhören Zuhören ist in Konfliktsituationen das einfachste und gleichzeitig das schwierigste Mittel zur Lösung. Einfach deshalb, weil man nichts anderes zu tun braucht, als aufmerksam zuhören, was die andere Partei sagt. Schwierig deswegen, weil es emotional unerträglich werden kann, einfach nur zu hören, was der andere sagt.

Um den Prozess des Zuhörens zu erleichtern, wurden einige hilfreiche Instrumente entwickelt.

Aktives Zuhören (auch unter Paraphrasieren oder Duplizieren bekannt): ich wiederhole das, was der andere gesagt hat, ohne ihm damit Recht zu geben. Man kann das z. B. so formulieren: „Wenn ich Sie richtig verstanden habe, ..." oder „Ihr Anliegen ist es, ..." An der Reaktion des anderen erkenne ich sofort, ob ich ihn richtig verstanden habe. Wenn der andere mit „Ja, genau!" antwortet, ist der erste Schritt zur Lösung hin geschafft.

Die Methode des aktiven Zuhörens kann man auch dazu verwenden, um etwas anzusprechen, was zwischen den Zeilen mitschwingt.

Weitere Methoden des aktiven Zuhörens sind **W-Fragen** (Wo, wann, wie, wer, was, welche/r) und **Zusammenfassen** des Gehörten.

Klare wertschätzende Botschaften Vorwürfe an den anderen sind eine der häufigsten Ursachen für die Eskalation von Konflikten. Meistens werden sie von Gegenvorwürfen beantwortet, denen wieder Gegenvorwürfe folgen usw.

Hilfreicher ist es, **Ich-Botschaften** zu verwenden: *Ich* sage dem anderen, was *mein* Problem ist, wie es *mir* damit geht, welche Folgen *ich* befürchte und was ich mir wünsche. Auf diese Art kann ich sowohl Kritik als auch Anerkennung äußern, in einer Art, die der andere relativ leicht nehmen kann.

In der nächsten Gesprächsphase höre ich wieder zu, was der andere darauf sagt usw. So kann ein Gespräch entstehen, das zur Lösung führt.

Umgang mit Emotionen Es gibt keine „unrichtigen" Emotionen. Emotionen sind einfach da und spielen eine wichtige Rolle in der Konfliktlösung.

Wenn der andere emotional wird: Duplizieren Sie seine Emotion durch aktives Zuhören: „Ich verstehe, dass Sie ärgerlich sind, weil ..."

Wenn Sie bei sich selbst Emotionen hochkommen spüren, bauen Sie diese in Ihre Ich-Botschaften ein: „Ich bin jetzt ziemlich sauer, weil ..."

So können negative Emotionen im Laufe des Gesprächs mehr und mehr in positive transformiert werden.

Thomas Gordon hat diese Kommunikationstechniken in einigen Büchern sehr praktikabel dargestellt:

Für den beruflichen Bereich: Managerkonferenz. Effektives Führungstraining.

Für den privaten Bereich: Familienkonferenz. Die Lösung von Konflikten zwischen Eltern und Kind.

5. Kapitel
Schule für die Zukunft

Auf die Frage, wie Wertschätzung oder das Fehlen von Wertschätzung auf den Menschen wirkt, antwortet Peter Kospach: „Ich weiß das aus eigener Erfahrung aus einer extrem negativen Schulzeit, in der nicht wertschätzend mit uns umgegangen wurde. Und erst in meiner Universitätszeit, in der die Professoren, die ich hatte, sehr wertschätzend und sehr anerkennend mit uns umgegangen sind, da habe ich eigentlich erst gelernt, was für Leistungen ich bringen kann."

Auch in der Schule taucht das Thema Wertschätzung auf: als Voraussetzung für den Erfolg in der Schule selbst und als Vorbereitung für das Berufsleben und für das Leben überhaupt.

In der Schule lernen die jungen Menschen grundlegende Werte, Einstellungen und Verhaltensweisen kennen, mit denen sie dann in die Arbeitswelt gehen und ihre Familien gründen. Die jungen Menschen sind unsere Zukunft.

Wir können anhand von Fallbeispielen aus der Schule sehr deutlich zeigen, wie stark Liebe und Wertschätzung menschliches Verhalten im positiven Sinne beeinflussen kann. In welchem Maße wir einem Menschen dadurch helfen können, Erfolg und Lebensqualität zu heben.

Die Aufgabe der Schule

... ist es, junge Menschen auf das Leben vorzubereiten – damit sie im Beruf und in ihren privaten Beziehungen erfolgreich und glücklich werden.

Dazu sind folgende Qualifikationen zu entwickeln:

- Fachliche Qualifikation: die Fähigkeit, im Beruf Probleme und Aufgaben richtig zu erfassen und die passenden Lösungen zu finden. Dazu ist es nötig, sich Wissen nicht bloß so anzueignen, dass man es bei der Prüfung mechanisch wiedergibt, sondern die Zusammenhänge zu verstehen, sich fehlendes Wissen systematisch zu beschaffen und bei der Lösung sowohl Zielstrebigkeit als auch Kreativität zu entfalten.
- Soziale Qualifikation: die Fähigkeit, mit anderen im Team (und in der Familie) als Partner zu kommunizieren und zusammenzuarbeiten. Anerkennung und Kritik zu geben und anzunehmen. Mit anderen gemeinsam kre-

ativ zu werden. Die Bereitschaft und die Fähigkeit, Verantwortung zu übernehmen und bewusst einen Beitrag für ein größeres Ganzes (Familie, Team, Unternehmen, Gesellschaft) zu leisten.

Die Schule ist also, neben der Herkunftsfamilie, maßgebend dafür, dass Menschen ins Erwachsenenleben treten, die Achtung, Wertschätzung, Partnerschaft und Liebe im Unternehmen und in ihrer Familie leben.

Bringt unsere Schule erfolgreiche Menschen hervor?

Die Schulpflicht wurde von Kaiserin Maria Theresia im 18. Jahrhundert eingeführt. Die Schule von damals war eine verordnete Einrichtung des Obrigkeitsstaates, um dem Militär (Österreich führte Kriege gegen Preußen) und später der aufstrebenden Industrie Menschen zu liefern, die lesen, schreiben und rechnen konnten. Objektiv betrachtet war dies ein wichtiger Schritt vorwärts.

Das Schulsystem hat sich seit damals weiter entwickelt, aber nicht in dem Tempo, wie es die gesellschaftliche und wirtschaftliche Entwicklung erfordern würde.

Andreas Salcher zeigt auf, dass die Schulen heute noch immer weitgehend dem Status der industriellen Fließbandarbeit zu Ende des 19. Jahrhunderts/Anfang des 20. Jahrhunderts entsprechen[34]. Das Schulsystem ist standardisiert nach Klassen, Stundenplänen, Lehrplänen, Unterrichts- und Pausenzeiten usw.

Die Qualität des Produkts wird fast ausschließlich von jenen kontrolliert, die das Produkt erzeugen, nämlich von den Lehrern.

Im Schulsystem zeigen sich vermehrt Symptome, die bereits seit Jahren in der Öffentlichkeit diskutiert werden, wie Gewaltbereitschaft an den Schulen, Frustration und Burn-out bei den Lehrern sowie verzweifelte Eltern, die versuchen, die Probleme mit Nachhilfestunden mehr oder minder in den Griff zu bekommen.

Substanzielle Neuerungen und Reformen scheitern in Österreich seit Jahrzehnten an der mangelnden Entscheidungsfähigkeit von Politik und Schulverwaltung.

---

34 Vgl. Andreas Salcher, Der talentierte Schüler und seine Feinde, S.18 ff

Jene bereits erwähnten Fähigkeiten, die heute erfolgsrelevant sind, insbesondere Problemlösungsfähigkeit und soziale Kompetenz, werden in der Schule nur wenig gefördert.

Der Unternehmer, der für den Erfolg qualifizierte Mitarbeiter benötigt, sieht großen Nachholbedarf im Schulsystem. Martin Essl: „Was wird den Leuten in Volksschule, Hauptschule oder Gymnasium, bis hin zur Berufsschule, nicht beigebracht? Das Teamwork! Den Schülern wird nicht beigebracht, wie sie sich in ein Team einbringen können, um gemeinsam mit anderen Spitzenleistungen zu erzielen. Im Gegenteil: Das Ausbildungskonzept beruht auf einer Technologie, die Henry Ford entwickelt hat, nämlich der Fließbandarbeit. Jeder soll nur seine eng spezialisierte Arbeit machen. Heute ist die Welt ganz anders, aber das Ausbildungssystem ist aus dem 19. Jahrhundert und hat sich nicht wesentlich weiter entwickelt. Das ist eine große Herausforderung, die wir in der Wirtschaft haben und wir leisten in unserem Unternehmen große Investitionen, um bei unseren jungen Mitarbeitern, insbesondere den Lehrlingen, die nötigen Qualifikationen zu entwickeln. Der große Appell geht an die Verantwortlichen, das Ausbildungssystem schleunigst zu verbessern."

Das Unternehmen von Martin Essl hat nicht nur ein umfassendes Ausbildungssystem für Lehrlinge entwickelt, sondern auch einen Schulversuch mit einem privaten Polytechnischen Lehrgang gestartet.

An dieser Stelle möchten wir unseren Respekt ausdrücken für alle Lehrerinnen und Lehrer, die sich in einem schwierigen Umfeld nach wie vor mit vollem Herzen für die Schüler und für eine zukunftsorientierte Schule engagieren, dabei viele kreative Ideen einbringen und zum Teil auch verwirklichen. Es gibt in den Schulen viel gute Arbeit und viele innovative Projekte.

Es ist zu wünschen, ja es ist im Sinne der Zukunftssicherung unbedingt erforderlich, dass diese Initiativen nicht bloß Einzelfälle oder Versuche bleiben, sondern einen Durchbruch erzielen, der das ganze Schulsystem auf die positive Seite kippen lässt, hin zu einer Schule, zu der Schüler, Lehrer und Eltern gerne dazu gehören. Hin zu einer Schule, die die jungen Menschen exzellent auf das Leben vorbereitet.

Zeitgemäßes Schulmanagement

Andreas Salcher zeigt eine Reihe von Managementmaßnahmen auf, die einem modernen Dienstleistungsunternehmen entsprechen, und die in der Schule erst erfüllt werden müssen:

Personalauswahl: die Aufgabe, die Jugend aufs Leben vorzubereiten, sollte als spannender und angesehener Beruf gesehen werden, für den gerade die besten gut genug sind. Wie das finnische Schulsystem zeigt, müssen damit keineswegs höhere Personalkosten verbunden sein.

Auswahl der Führungskräfte: Direktoren, die hohe pädagogische und Leadership-Qualitäten besitzen, die die Schule für Schüler und Eltern attraktiv machen und die die besten Lehrer magnetisch an die Schule ziehen.

Führungskräfte im Schulbereich brauchen aber, genauso wie in der Wirtschaft, auch die *Erlaubnis und die Mittel*, erfolgreich zu sein: Aufgabe, Befugnis und Verantwortung müssen übereinstimmen. So kann man einen Schuldirektor nur für die Erfüllung seiner Aufgabe verantwortlich machen, wenn man ihm erlaubt, sein Personal auszuwählen, Organisation und Abläufe zu gestalten, Entscheidungen selbstständig zu treffen und wenn er über ausreichende Ressourcen verfügt.

Bewertung der Ergebnisse: „In einer Welt, in der wir lebenslang lernen müssen, wird ein System, in dem wir Schüler danach bewerten, wie gut es ihnen gelingt, sich den Wünschen der Lehrer möglichst optimal anzupassen oder ihnen Leistungen vorzutäuschen, völlig ungeeignet sein.“[35].

Es macht Sinn, dass das Ergebnis nicht von dem beurteilt wird, der es produziert.

Thomas Prigl: „Wenn man selbst die Leistung abnimmt als Lehrer, stellt sich für mich die Frage, ob diese Kluft zwischen Schüler und Lehrer und auch dieser Notendruck, ob das hilfreich ist beim Lernprozess. Oder ob man nicht besser den Weg geht, dass man eine Partnerschaft anstrebt und das Ziel gemeinsam verfolgt – dann wäre es gescheiter, man lässt sich extern prüfen. Denn dann gehen wir gemeinsam auf den Berg.“

Die Rolle des Lehrers wäre dann vergleichbar mit dem Trainer einer Jugendmannschaft, die sich auf ein Spiel vorbereitet, in dem von externen Schiedsrichtern beurteilt wird, wer Sieger ist. Der Lehrer wäre dann nicht mehr der

---

35 A. a. O. S. 69 f

Kontrollor, den die Schüler auszutricksen suchen, sondern der Coach, der die Schüler dabei unterstützt, die Ziele zu erreichen, die sie sich selbst setzen. Das wäre eine wesentlich attraktivere Aufgabe für den Lehrer.

Gute Schulen werden nicht nur gute Lehrer anziehen, sondern auch eine große Anzahl von Schülern. Bis zu einem gewissen Grad kann hier das Gesetz von Angebot und Nachfrage zur Geltung kommen.

Die Schule braucht mehr als Management

Die oben angeführten Punkte betreffen im Wesentlichen organisatorische und technokratische Maßnahmen, sind also Managementaufgaben und entsprechen der 3. Lebensebene – einem Standard also, den die meisten Wirtschaftsunternehmen heute bereits erreicht haben.

Die Schule braucht ein modernes Management, wie jedes andere Dienstleistungsunternehmen auch. (Natürlich muss dieses im Detail ausgearbeitet werden, dies würde jedoch Ziel und Rahmen dieses Buches sprengen.)

Professionelles Management ist lediglich eine gute Basis für alles Weitere, was es noch braucht. Denn in der Schule geht es um Menschen in einem äußerst sensiblen Lebensalter. Zu dem System gehören nicht nur Schüler und Lehrer, sondern auch die Eltern der Schüler, es handelt sich also um ein Dreiecksverhältnis.

Es wäre eine verhängnisvolle Illusion, zu glauben, dass man die anstehenden Aufgaben alleine mit organisatorischen und technokratischen Maßnahmen (3. Lebensebene) lösen könne.

Es geht hier um die Entwicklung von Menschen, es geht um Beziehungen zwischen Menschen, es geht um Vertrauen.

Dazu braucht es Partnerschaft zwischen den Beteiligten, es braucht Kooperation und Teamarbeit zwischen Schülern, Schule und Elternhaus.

Thomas Prigl: „ Wenn ich auf der emotionalen Ebene beim Zuhören, bei der Wertschätzung nicht punkten kann, dann kann ich in Wirklichkeit kein Wissen vermitteln.“ Damit Schule erfolgreich sein kann, muss sie emotional stimmig sein. Positive Emotionen schaffen Lernerfolge (siehe auch Kasten 4).

Wenn schon im Industriebetrieb, wo es sich um die Erzeugung von materiellen Produkten handelt, menschliche Beziehung und Wertschätzung so entscheidend für den Erfolg sind, um wie viel mehr gilt das für das Unternehmen Schule, wo es um die Entwicklung von jungen Menschen geht, jener Menschen, die unsere Zukunft gestalten werden!

Worum es bei jungen Menschen geht

Elisabeth ist in ihrer pädagogischen Praxis u.a. als Beratungslehrerin für die Betreuung „schwieriger" Schüler zuständig.

Folgendes Beispiel aus ihrer Praxis zeigt, wie bedeutungsvoll Liebe im Umgang mit Schülern, und insbesondere mit schwierigen Schülern ist:

Herbert (Name von uns geändert) rastete von einer Minute auf die andere aus, oft ohne dass die Umgebung den Auslöser dafür erkennen konnte. Dann schimpfte er, schlug um sich und griff andere Kinder körperlich an. Sehr oft verweigerte er Handlungen, die die Lehrerin von ihm forderte. Schließlich wurde er nach vielen fehlgeschlagenen Interventionen in eine andere Schule versetzt. Sein Ruf und seine unheilvolle Geschichte eilten ihm voraus.

In der neuen Schule hatte Herbert das Glück, dass er zu einer Lehrerin kam, die sich zum Ziel setzte, ihm eine neue Schulerfahrung zu ermöglichen. Sie betrachtete diesen Schüler nicht als Katastrophe sondern als Herausforderung. Zuerst hieß sie den Schüler von ganzem Herzen willkommen. Im Laufe der Zeit half sie ihm mehrfach, schwierige Situationen zu meistern, indem sie ruhig mit ihm sprach. Sie erklärte ihm, was genau sie von ihm erwartete. Bereits für kleine Fortschritte gab sie ihm ehrlich gemeintes Lob.

Einmal gab es eine Situation, in der er sich von einem anderen Kind in die Enge getrieben fühlte. Sofort kippte er in sein altes Angriffsmuster. Die Lehrerin holte ihn ruhig beiseite und half ihm sich zu beruhigen. Herbert bebte einige Minuten lang am ganzen Körper, schaffte es jedoch schließlich sich zu beruhigen. Damit war durch ihr Vertrauen in ihn, ihre Ruhe und ihr Für-Ihn-Dasein ohne Bewertung eine neue Lernerfahrung für Herbert geschaffen.

Eines Tages mussten sie bei einem Ausflug an Herberts früherer Schule vorbeifahren. Der Schüler wurde plötzlich total nervös und beteuerte: „Ich will da nie mehr hinein!" Die Lehrerin beruhigte ihn und sagte, dass er das ja nicht müsste. Dann brach aus dem Schüler der ganze Frust heraus und er erzählte, dass er seine frühere Lehrerin hasse, weil sie so ungerecht sei und so viel schimpfe und strafe. Die Lehrerin meinte daraufhin, dass sie ja auch manchmal schimpfen müsse und ihm Grenzen setzen würde. Der Schüler antwortete überrascht: „Wenn du schimpfst, ist das okay. Dann verdiene ich es, weil ich weiß du magst mich!“

Diese Geschichte zeigt genau, worauf es ankommt. Hier ging es um Gewalt in der Schule, eine absolut bedrohliche Situation. Die neue Lehrerin hat dem Schüler geholfen, aus der Eskalationsspirale von Gewalt auszusteigen. Wie hat sie das geschafft?

Sie hat dem Schüler Liebe entgegen gebracht! Sie hat innerlich ja zu dem Schüler gesagt und ihn willkommen geheißen. Sie hat versucht, ihn so gut wie nur möglich zu verstehen und der Schüler hat sich verstanden gefühlt. Sie hat ihn liebevoll geführt und ihm dabei Grenzen gesetzt.

Der Schüler hat gemerkt, dass ihr Verhalten authentisch ist, dass es von Liebe getragen ist.

Wie uns heute die Gehirnforschung mit der Existenz der Spiegelneuronen beweist, übertragen sich unsere Einstellungen in Form unserer Gedanken auf unsere Interaktionspartner. Unsere Partner spüren, was und wie wir denken und fühlen und reagieren darauf noch bevor wir verbal unsere Einstellung, unsere Gefühle, etc. mitgeteilt haben. Fühle ich mich traurig, fühlt sich auch der andere traurig. Fühle ich Freude, fühlt auch der andere Freude.

Und ebenso: Fühle ich Liebe, fühlt auch der andere Liebe. Ich kann also dem anderen meine Liebe, meine Zuneigung, meine Achtung schenken, allein durch meine innere Einstellung.

Die neue Lehrerin hat dem Schüler ihre Liebe geschenkt.

Junge Menschen und insbesondere Kinder haben äußerst feine Antennen dafür, was Erwachsene fühlen (am stärksten natürlich bei den eigenen Eltern). Sie spüren genau, ob sie geliebt sind oder nicht.

Dieses Nach-Fühlen ist auch bei den Erwachsenen vorhanden: so haben Mitarbeiter ein genaues Gespür, ob der Chef seine anerkennenden Wort ehrlich meint oder ob es nur Floskeln sind.

Erwartungen beeinflussen die Leistung

Die Einstellung des Lehrers und sein Glaube an die Schüler erzeugen ein positives Lernklima, in dem jeder Einzelne sein Potenzial bestmöglich entfalten kann. Ein Lehrer, der glaubt, dass seine Schüler fähig sind sich zu verändern und weiter zu entwickeln, gibt ihnen eine große Chance erfolgreich zu sein.

Wie bereits Rosenthal in seinen Experimenten nachwies, überträgt sich die Überzeugung des Lehrers und wirkt in vielfältiger Weise. Sie beeinflusst nicht nur die Leistung sondern auch die Intelligenz, wie folgendes Beispiel aus der Forschung zeigt:

„Grundschullehrer aus Boston wurden von Forschern informiert, dass eine Testung ergeben hatte, dass einige ihrer Schüler „schulische Spurter" seien. Den Lehrern wurde glauben gemacht, dass diese besonderen Schüler „intellektuelle Blüher" seien, die „während dieses Schuljahres ungewöhnliche Fortschritte zeigen werden". Tatsächlich gab es keine objektive Grundlage für diese Vorhersage; die Namen dieser „Blüher" waren per Zufall ausgewählt worden. Gegen Ende des Schuljahres hatten jedoch 30 Prozent der willkürlich als Blüher bezeichneten Kinder im Durchschnitt 22 IQ-Punkte mehr! Fast alle von ihnen hatten 10 IQ-Punkte mehr. Der Zugewinn in der intellektuellen Leistung, gemessen anhand eines gewöhnlichen Intelligenztestes, war signifikant höher als der einer Kontrollgruppe von Klassenkameraden, die mit dem gleichen durchschnittlichen IQ angefangen hatten"[36].

Rosenthal nennt zu diesem Phänomen einige Prozesse, die durch die Einstellung der Lehrer ausgelöst wurden:

- Die Lehrer erzeugten ein Klima von Akzeptanz und sozialer Wertschätzung, da sie den Schwächeren gegenüber warmherziger und freundlicher waren,
- sie stellten an die vermeintlich Guten höhere Anforderungen in Bezug auf Qualität und Schwierigkeitsgrad der Aufgaben,
- sie gaben sehr klares und unmittelbares Feedback,
- die guten Schüler bekamen extrem viele Möglichkeiten zur Präsentation ihrer Leistung und wurden dadurch verstärkt.

---

[36] *Rosenthal & Jacobson*, 1968, in: *Philip G. Zimbardo/Richard J. Gerrig:* Psychologie, 16. Auflage, Pearson Studium, 2004, S. 771.

Weitere Studien zu diesem Phänomen bestätigten die Ergebnisse von Rosenthal, wie z. B. Madon et al[37]. Diese Forscher zeigten auf, dass Schüler bei Lehrern, die von ihnen schlechte Leistungen erwarten, eventuell noch schlechter als erwartet sind. Wenn die Lehrer jedoch daran glauben, dass sie gut sein können, kann dadurch eine 100% Veränderung für diese Kinder eintreten.

Der Glaube an einen jungen Menschen ermöglicht also, dass dieser sein Potenzial zur Entfaltung bringen kann. Der Lehrer fordert, fördert und verstärkt diese Kinder unbewusst stärker und gibt ihnen dadurch mehr Aufmerksamkeit und Wertschätzung. Menschen lernen *von* dem, den sie lieben und von dem sie sich geliebt fühlen. Im Kindesalter lernen sie oft auch *für* den, den sie lieben. Das bedeutet, dass Beziehung das Um und Auf im Lernprozess darstellt.

Die Überzeugungen der Schüler

Auch auf Seite der Schüler sind Einstellungen und Überzeugungen von enormer Bedeutung für den Lernerfolg. Negative Überzeugungen sind oft unbewusst und können das Potenzial eines Schülers bis zu 50% blockieren.

Bezeichnend dafür ist folgende Geschichte, die Elisabeth mit einem Mädchen aus der Volksschule erlebte: „Verena (Name geändert) war eigentlich eine gute Schülerin, brachte aber im Computerunterricht überhaupt keine Leistung und legte seltsame Verhaltensweisen an den Tag. Da diese Schule eine Schule mit Computerschwerpunkt war, war diese Tatsache hinderlich für die Schülerin und frustrierte sie sehr. Daher bat mich die Lehrerin, mit diesem Kind zu sprechen. Ich fragte Verena, was genau sie denn in der Computerstunde mache. Sie meinte, dass sie zum Nachbarn schaut, dann aber erst nicht beginnt, weil sie nicht wisse wie es geht, obwohl die Lehrerin es eh gut erklärt. Ich stellte daraufhin die Frage, was sie denn über das Computerarbeiten denkt und wovon sie überzeugt ist, wenn sie es tun soll und nicht tut. Verena antwortete wie aus der Pistole geschossen: ‚Ich fürchte mich, dass ich den Computer ruiniere und meine Eltern das nie bezahlen können und dann fang ich gleich gar nicht an damit.' Sobald Verena mit meiner Unterstützung diese Überzeugung aufgab und durch die neue Überzeu-

---

[37] 1997: In search of the powerful self- fulfilling prophecy. Journal of Personality and Social Psychology, 72, S. 791–809.

gung ‚Ich schaffe das‘ ersetzte, war sie schließlich in der Lage, ganz normal mit dem Computer zu arbeiten“[38].

Diese Geschichte zeigt deutlich, wie derartige Überzeugungen verhindern, dass Menschen ihr Können zeigen und es anwenden.

Meinungen über die eigene Unfähigkeit blockieren viele Schüler, die über eine gute Intelligenz verfügen und recht leistungsfähig wären, in ihrem Leistungsverhalten. Sätze wie: *„Ich schaff' das sowieso nicht“*, *„Ich kann das nicht“*, *„Das ist viel zu schwer für mich“*, *„Ich verhau' die Schularbeit“*, *„Ich mach' immer viele Fehler“*, *„Ich mach' alles falsch“* nehmen den Schülern viele Chancen und sind durch Vernunftargumente nicht ohne Weiteres zu entkräften. Es handelt sich um tief liegende Überzeugungen, die das Denken und Verhalten dominieren. Der erste Schritt zur Lösung ist es, diese Überzeugungen zu erkennen, der zweite Schritt besteht darin, die hinderlichen Überzeugungen durch förderliche Überzeugungen zu ersetzen.

Förderliche Überzeugungen sind: „Ich schaffe es!“, „Ich kann es!“, „Ich werde von Tag zu Tag besser!“, „Ich mache es richtig!“, „Ich zeige, was ich kann!“

Überzeugungen, die zum Erfolg führen

Über die Schaltstelle im Gehirn, den Hypothalamus, generieren unsere Überzeugungen körperliche Reaktionen. Sind die Überzeugungen mit negativen Emotionen verbunden, können das Symptome sein wie starkes Herzklopfen, Magenkrämpfe, Schwindel, hochroter Kopf, Blackout (bei der Prüfung hat man „vergessen“, was man gelernt hat). Im Falle positiver Emotionen können sich freudige Erregung, „gesunde“ Hautfarbe, erhöhte Denkfähigkeit, wohliges Körpergefühl u. a. zeigen.

Diese Verbindung zwischen Überzeugungen und physiologischen Reaktionen lässt unsere Überzeugungen – sowohl hinderliche als auch förderliche – so wirkungsvoll werden.

Robert Dilts unterscheidet drei große Gruppen von einschränkenden Überzeugungen, die sich um folgende Verallgemeinerungen bilden:

---

[38] Vgl. Elisabeth Zechmeister, Zur Wirkung von NLP auf Leistung und Motivation von Volksschulkindern. Anhang: Transkripte der Schülerinterviews S. 20 ff.

- Hoffnungslosigkeit,
- Hilflosigkeit,
- Wertlosigkeit.

In Bezug auf die Hoffnungslosigkeit ist das zentrale Thema, dass es nicht möglich ist; in Hinblick auf die Hilflosigkeit, dass diese Person nicht über die Fähigkeit verfügt; und bei der Wertlosigkeit, dass diese Person so ein Ergebnis nicht wert ist[39].

Aufgabe der Schule ist es, Menschen im Leben erfolgreich zu machen und einschränkende Überzeugungen zu ersetzen durch förderliche, d. h. Erfolg generierende Überzeugungen.

So wäre zu ersetzen:

- Statt Hoffnungslosigkeit → Zuversicht und Vorfreude auf künftigen Erfolg
- Statt Hilflosigkeit → Vertrauen auf die eigenen Fähigkeiten
- Statt Wertlosigkeit → Selbstwertgefühl und Wertschätzung für andere.

Wie finden junge Menschen Sinn in ihrem Leben?

Ein weiterer Eckpfeiler für die erfolgreiche Schule ist der Sinn, den die Schüler in ihrer Tätigkeit, in der Erfüllung ihrer Lernaufgaben sehen.

Motivation entsteht, wenn ich weiß, wofür ich was lerne, wenn es Sinn für mich macht. Wenn ich mir selbst ein eigenes Ziel setzen darf, ist es für mich ein Anliegen es zu erreichen.

Ein Ziel, das ein anderer für mich bestimmt, erzeugt leicht Widerstand. Bei vielen Schülern führt es dazu, dass sie halt mehr oder weniger lustlos ausführen was man ihnen aufgetragen hat. Im günstigsten Fall entspricht das von außen gesetzte Ziel dem eigenen Wunsch des Schülers und er erlebt so etwas wie Motivation.

Eine der großen Forderungen in der neuen Schulreform ist es „Schüler zum selbst verantwortlichen, selbst gesteuerten Lernen zu führen".

Diese Forderung ist nur dann zu erfüllen, wenn Schüler lernen, zielorientiert zu denken. Wenn sie eigene Ziele formulieren und in einer Atmosphäre von

---

39 Vgl. Dilts: Changing Belief Systems, Meta Publications, 1990.

Wertschätzung und Liebe unter kompetenter Begleitung ihre eigenen individuellen Wege und Strategien entwickeln können. In so einem Fall glaubt der Schüler an sich selbst, er lernt und engagiert sich, weil er sein Ziel erreichen will und nicht weil es Eltern oder Lehrer von ihm erwarten oder sogar fordern[40].

Neue attraktive Aufgaben für Lehrer

Die neue Anforderung an die Schule, eigenverantwortliche und teamorientierte Menschen in ihrer Entwicklung zu begleiten, wird Veränderungen in der Rolle des Lehrers mit sich bringen. Er wird in Zukunft weniger Wissensvermittler und mehr Mentor und Lerncoach sein. Es geht weniger darum, einen bestimmten „Stoff durchzubringen", sondern mehr darum, die Entfaltung jenes Potenzials zu fördern, das im Schüler bereits angelegt ist. Bei manchen Schülern drängt dieses Potenzial vehement nach außen und sucht nur eine Gelegenheit, sich zu verwirklichen. Bei anderen Schülern ist es ziemlich verschüttet und muss erst „freigeschaufelt" werden.

Dieses neue Rollenverständnis stellt neue Anforderungen an den Lehrer. Wir hoffen sehr, dass dies als Bereicherung gesehen wird.

Ein Lehrer, der sich als Mentor und Lerncoach sieht, glaubt an die Schüler und ihre unterschiedlichen Fähigkeiten. Er gesteht ihnen diese zu und weiß, dass er sie begleitet und unterstützt.

Er glaubt auch an seine eigene Kompetenz und sieht einen Sinn in dem, was er tut.

Er setzt Ziele und Rahmen, bietet Arbeitsmöglichkeiten, Hilfsmittel und Unterstützung an. Dennoch lässt er den Schülern genügend Raum ihre eigenen Ziele zu finden und Wege und Strategien zu erproben. Er überlässt den Schülern Verantwortung für ihr Tun.

Er sieht Fehler nicht als Katastrophe sondern als notwendigen Schritt im Lernprozess und ermutigt die Schüler, Fehler zu korrigieren und wenn nötig um Hilfe zu bitten.

---

40 Vgl. Elisabeth Zechmeister, NLP verändert Schule.

Beratungslehrer können Schülern dabei helfen, destruktive Reaktionsmuster aufzulösen. Der Fall von Oliver (Name geändert) zeigt, wie es möglich ist, durch methodisches Vorgehen Erfolge zu erreichen. Elisabeth berichtet:

„Mit Oliver, der die Volksschule besuchte, gab es das Problem, dass er immer wieder aggressiv wurde und Mitschüler attackierte. Der Beratungsprozess lief in mehreren Schritten ab:

Der erste Schritt bestand darin, dass ich liebevoll Kontakt zu dem Buben aufnahm, ihm zuhörte, so dass allmählich Vertrauen entstand.

Im zweiten Schritt erforschte Oliver, was der Auslöser für seine Aggressionen war. Er kam auf Folgendes: ‚Immer, wenn mich der Christian (ein Mitschüler, Name geändert) mit seinen durchdringenden Augen anschaut, werde ich unglaublich zornig.' Oliver hatte einen wesentlichen Schritt gemacht: Er erkannte sein Verhalten als Reaktion auf einen äußeren Reiz.

Der dritte Schritt bestand darin, die Verbindung zwischen Reiz und Reaktion zu unterbrechen. In diesem Fall geschah dies mittels Reframing (Neuinterpretation der äußeren Situation).

Der abschließende Schritt bestand darin, dass Oliver lernte, sich selbst in einen guten Zustand zu versetzen, positive neue Einstellungen aufzubauen und damit Verantwortung für das eigene Verhalten zu übernehmen."

Dies ist ein Beispiel dafür, wie Lehrer die Schüler in ihrem Heranwachsen zu mündigen Menschen fördern können. Die Schüler werden bereit und fähig, sich auf neue Herausforderungen einzulassen, immer weiter zu lernen und nicht bloß Wissen zu reproduzieren, sondern dieses situationsgemäß anzuwenden.

Und das sind ja gleichzeitig Qualifikationen, die die heutige Wirtschaft von jungen Mitarbeitern fordert.

Lehrlingsausbildung im Betrieb

Bei der Ausbildung junger Menschen haben nicht nur Schulen, sondern auch Unternehmen eine wesentliche Aufgabe, insbesondere bei der Lehrlingsausbildung.

Wolfgang Lakata: „Mit 14 Jahren kann man den jungen Leuten noch etwas vermitteln. ... Ein junger Meister ist für einen Lehrling eine Vaterfigur. Die persönliche Aufmerksamkeit, die dieser einem jungen Mitarbeiter schenkt, ist Ausdruck von Wertschätzung. In aller Regel erzeugt Wertschätzung eine Bindung ans Unternehmen, so dass uns gute Mitarbeiter erhalten bleiben. ... Es geht einfach darum, dass der Lehrling sich sagt: Ich bin gerne da, mir gefällt meine Arbeit und ich mag meinen Meister."

Persönlichkeitsentwicklung spielt für Martin Essl bei der Lehrlingsausbildung eine große Rolle: „Wie gehe ich als Mann mit der Frau um, wie gehe ich als junger Mensch mit Älteren um? Das sind alles Dinge, die zur Persönlichkeitsentwicklung gehören, und die vom Elternhaus oft nicht mitgegeben werden. Wir schaffen Orientierung für die jungen Menschen in unserem Betrieb. Das führt dazu, dass das Rückgrat gestärkt wird, und dass sie selbstbewusster werden."

Es gibt bereits eine Reihe guter Modelle für die Zusammenarbeit zwischen Schule und Wirtschaft. Dieses Zusammenwirken sollte in Zukunft weiter verstärkt und das gegenseitige Verständnis verbessert werden, mit dem Ergebnis, dass jede Seite ihren optimalen Beitrag leistet und gleichzeitig Gewinn daraus zieht.

Für eine Schule, zu der Schüler, Lehrer und Eltern gerne dazu gehören!

Zusammenfassend kann man sagen, dass es darum geht, über die notwendigen organisatorischen Maßnahmen hinaus eine Schule zu schaffen, in der es reichlich Wertschätzung und Liebe für alle daran beteiligten Menschen – für Schüler, Lehrer und Eltern, aber auch für die Mitarbeiter der Schulverwaltung gibt.

Dieses Ziel ist eine Herausforderung für das gesamte Schulsystem wie auch für die Persönlichkeit des Lehrers.

Wir brauchen Lehrerpersönlichkeiten, die genug Kraft und Liebe in sich haben, um sie an die Kinder weiter geben zu können.

Die Lehrer sind die Führungskräfte in diesem System. Sie werden einen positiven Sog in diesem System ausüben, wenn sie mit Authentizität und mit Freude ihre Position einnehmen.

Lehrer brauchen attraktive Visionen von der Schule der Zukunft, die sie glaubhaft den Schülern und Eltern weiter vermitteln und auch vorleben.

Eine Vision ist dann attraktiv, wenn sie Freude an der Aufgabe schafft. Der Lehrberuf erhält dadurch neuen Sinn und auch die Schüler können so einen Sinn in der Schule erkennen.

Gleichzeitig benötigen die Lehrer auch professionelle Rahmenbedingungen, damit sie ihre Aufgabe erfüllen können.

Mehr Leistung und Ergebnis ist nicht durch noch mehr Druck, sondern nur durch Sog und Begeisterung erreichbar. Damit wird es für alle motivierender.

Eine neue Kultur des Lernens kann nicht mit Zwang vermittelt werden, sondern nur durch Überzeugung. Die neue Kultur wird daran erkennbar sein, dass es mit ihr für alle leichter, freudvoller und erfolgreicher geht.

6. Kapitel
Die Schritte in die Zukunft

Was wir von unseren Interviewpartnern lernen

An dieser Stelle möchten wir Ihnen als Leserin und Leser, einen kompakten Überblick über die Kernaussagen unserer Interviewpartner geben. Sie haben uns mit ihren Stellungnahmen eine Fülle von praktisch bewährten Einstellungen, Handlungsweisen und Ideen vermittelt, die zeigen, wie man mit Liebe und Wertschätzung erfolgreich sein kann. Sie zeigen gleichzeitig einen menschenfreundlichen Weg in die Zukunft auf.

In dem folgenden Überblick unterscheiden wir zwischen

1. gemeinsamen Erfolgskriterien, die alle Interviewpartner – manchmal mit unterschiedlichen Worten – angeführt haben, und
2. speziellen Erfolgskriterien, die von Einzelnen erwähnt wurden.

1. Gemeinsame Erfolgskriterien Obwohl unsere Interviewpartner in unterschiedlichen Branchen mit unterschiedlichen Geschichten tätig sind, wird in den Interviews eine markante Anzahl von Gemeinsamkeiten erkennbar.

Die hier angeführten Erfolgskriterien wurden von allen Interviewpartnern als zutreffend bezeichnet.

Werte und Einstellungen bilden das Herzstück, um das sich je nach Unternehmensgeschichte und Sparte unterschiedliche Verhaltensweisen entwickeln, verbunden mit verschiedenartigen Organisationsformen.

Bei den einzelnen Führungspersönlichkeiten resultieren Werte und Einstellungen primär aus der individuellen Entwicklung und Geschichte. So haben z. B. einige betont, dass es schon für ihre Eltern selbstverständlich war, mit Mitarbeitern und überhaupt mit Menschen wertschätzend und freundlich umzugehen. Dies sei ein positives Vorbild und eine Ressource für sie gewesen. Andere erzählten, dass bestimmte tiefgehende Ereignisse und persönliche Veränderungsprozesse in ihrem Leben sie letztendlich zur Wertschätzung für den Menschen geführt hätten.

Aus einer wertschätzenden Grundeinstellung resultieren wertschätzende Handlungen. Die Grundfrage für alle war: Wie kann ich mit meiner wertschätzenden Grundeinstellung so handeln, dass ich erfolgreich bin? Als Unternehmer und Führungskräfte haben sie die ihnen zur Verfügung stehenden Gestaltungsmöglichkeiten entsprechend genutzt.

Wertschätzung für den Menschen bzw. Menschenliebe ist ein grundlegender Wert. Der Mensch wird als entscheidende Voraussetzung dafür gesehen, dass das Unternehmen auf Dauer auf dem Markt erfolgreich sein und Gewinne erzielen kann.

Dieses Ergebnis entsprach unseren Erwartungen, da wir ja unsere Interviewpartner nach dem Kriterium „menschliche Wertschätzung" angefragt hatten.

Für Wertschätzung bzw. Liebe wurden verschiedene Worte verwendet, wie folgende „Wolke" veranschaulicht.

Manche Interviewpartner sprachen im beruflichen Kontext von „Liebe“, andere betonten, dass sie sich das Wort „Liebe“ für sehr nahe Beziehungen vorbehalten möchten.

Jeder ist als Mensch gleich viel wert. Egal, ob jemand Monteur ist oder Vorstandsdirektor, als Mensch hat er den gleichen Wert.

Aufgrund unterschiedlicher Qualifikationen bekleiden Menschen unterschiedliche Positionen und beziehen unterschiedliches Entgelt. Der wirtschaftliche Wert der Arbeitskraft ändert aber nichts am menschlichen Wert.

Wertschätzung muss vorgelebt werden. Wie alle anderen Werte kann menschliche Wertschätzung nur dadurch vermittelt werden, dass sie glaubhaft vorgelebt wird. Hier sind insbesondere die Führungskräfte auf allen Hierarchieebenen gefordert. Mitarbeiter nehmen sich ein Beispiel an dem, was sie bei den Führungskräften beobachten.

Liebe zum Beruf und Freude an der Aufgabe: Wenn der Mitarbeiter morgens gerne in die Firma kommt, weil er seinen Beruf gerne ausübt und weil er die Kollegen mag, wird er hohe Ergebnisse für das Unternehmen bringen. Eine Führungskraft, die Menschen mag und auf Menschen gerne zugeht, wird großen Einfluss auf die Mitarbeiter haben.

Vertrauen: Vertrauen muss wachsen. Es erfordert, offen miteinander zu reden. Wichtig ist, insbesondere in Veränderungsphasen, auch offen über auftretende Ängste zu reden.

Mitarbeiter *vertrauen* der Führungskraft, wenn sie sich darauf verlassen können, dass die Aussagen der Führungskraft wahr sind und dass Vereinbarungen eingehalten werden.

Umgekehrt zeigen Führungskräfte Vertrauen zu ihren Mitarbeitern, indem sie ihnen Freiräume geben, indem sie ihnen *zutrauen*, dass sie Verantwortung übernehmen und ihre Aufgaben selbstständig und erfolgreich erledigen.

Ein Kollege vertraut dem anderen, indem er mit ihm im Team zusammenarbeitet, Informationen offen austauscht, Vereinbarungen trifft in der Erwartung, dass jeder sie einhält. Ein Zeichen von Vertrauen ist es auch, wenn ein Kollege dem anderen zutraut, seine Aufgabe gut und verlässlich zu erfüllen.

Um eine Zusammenarbeit mit Vertrauen zu ermöglichen, ist es nötig, dem anderen zunächst einen Vertrauensvorschuss zu geben.

Ehrlichkeit ist eine unverzichtbare Voraussetzung für Vertrauen. Ehrlichkeit ist in vieler Hinsicht wichtig: bei offenem Informationsfluss im Unternehmen wissen alle, wie es der Firma geht – in guten wie in schlechten Zeiten. Sie sind dann auch bereit, entsprechend der jeweiligen Lage ihren Teil an Verantwortung zu übernehmen.

Ehrlichkeit bedeutet auch, dem Mitarbeiter und dem Kollegen sowohl Anerkennung als auch Kritik offen und gleichzeitig wertschätzend mitzuteilen. Ehrlichkeit heißt, dem Vorgesetzten, Mitarbeiter, Kollegen fachliche Informationen wahrheitsgemäß mitzuteilen – Informationen nicht zurückzuhalten oder zu verfälschen.

Ehrlichkeit erfordert Mut.

Menschliche Wertschätzung kommt nur dann an, wenn sie ehrlich gemeint ist.

Kommunikation: Es braucht nicht nur die Bereitschaft, etwas dem anderen offen mitzuteilen, sondern auch die Fähigkeit, dies so zu kommunizieren, dass es bei dem anderen ankommt und von ihm verstanden wird.

Auf der anderen Seite ist es ebenso wichtig, dem anderen aufmerksam zuzuhören und das ernst zu nehmen, was er sagt.

Verantwortung: Mehr Freiraum im Gestalten erfordert, dass jeder mehr Verantwortung übernimmt. Dies ist möglich in Verbindung mit Vertrauen und Ehrlichkeit. Verantwortung für das eigene Handeln, für andere und für das Ergebnis ist die Voraussetzung für selbstständiges Arbeiten.

Auf Seite der Führungskräfte braucht es die Bereitschaft, Verantwortung zu delegieren. Auf Seite der Mitarbeiter braucht es die Bereitschaft, Verantwortung zu übernehmen.

Mehrere Interviewpartner haben berichtet, dass die Erweiterung der Entscheidungsbefugnisse, des Gestaltungsspielraumes und damit der Verantwortung von der Mehrheit der Mitarbeiter willkommen geheißen wurde. Eine Minderheit hat dies allerdings nicht angenommen und das Unternehmen verlassen.

Umgang mit Fehlern: Fehler sind da, um zu lernen. Das Lernen aus Fehlern ist ein nachhaltiger Lernprozess. Fehler sind also erlaubt. Verantwortung für Fehler zu übernehmen, bedeutet, die Fehlerursachen zu erkennen und es das nächste Mal besser zu machen.

Unzulässig ist es, Fehler fahrlässig zu begehen oder zu wiederholen.

Authentizität wird als wesentliche Grundeinstellung jeder Führungskraft und jedes Teammitgliedes gesehen. Authentizität ist verknüpft mit Ehrlichkeit, Wertschätzung und Vertrauen. Authentizität besteht darin, dass innere Einstellung, Worte und Taten übereinstimmen. Ein authentischer Mensch wirkt glaubwürdig auf andere.

Wirtschaftliches Wachstum: Ein Unternehmen kann nur dann attraktive Arbeitsplätze bieten, wenn es nachhaltig wächst. Die erzielten Gewinne werden nicht nur in Maschinen, Anlagen und Einrichtungen investiert, sondern auch in die Mitarbeiter. So werden fachliche Qualität und Kultur im Unternehmen gestärkt. Dies fördert wieder das Wachstum, es kann wieder investiert werden usw.

Mitarbeiterentwicklung erfolgt in zwei Hauptrichtungen: Entwicklung der fachlichen Kompetenz und Entwicklung der sozialen Kompetenz. Letzteres wird als wesentlich gesehen nicht nur für die Zusammenarbeit in den Teams, sondern auch für die Entwicklung der gesamten Unternehmenskultur.

Die Aufwendungen für Mitarbeiterentwicklung werden als Investitionen gesehen.

Führung und Führungskräfte: Führung im Sinne von Leadership spielt für eine Unternehmenskultur der Wertschätzung eine entscheidende Rolle. Um Wertschätzung erfolgreich im Unternehmen zu verwirklichen, benötigen Führungskräfte bestimmte Fähigkeiten: Die Einsamkeit der Führungsposition aushalten, rechtzeitig stopp sagen, sich selbst motivieren, Vorbild sein, Selbstvertrauen haben, die richtige Balance halten zwischen Diskutieren und Entscheidungen herbeiführen, etwas einfordern, Kritik aushalten.

Führungskräfte brauchen Visionen, um mit Sog statt mit Druck führen zu können.

2. Spezielle Erfolgskriterien Über die Gemeinsamkeiten hinaus berichteten unsere Interviewpartner über vielfältige Sichtweisen und Erfahrungen, die aus ihrer spezifischen Situation heraus entstanden sind. Sie stellen eine wertvolle Quelle dar, aus der man viele Anregungen für die Praxis schöpfen kann.

So zeigt sich wertschätzendes Verhalten:

- Kleine alltägliche Rituale der Aufmerksamkeit (persönliches Begrüßen, dem anderen die Hand geben, persönliche Gratulation zum Geburtstag, Loben, sich für persönliche Hobbys des anderen interessieren, den anderen in die eigene Welt hineinschauen lassen, Anliegen des anderen ernst nehmen ...),
- Aufeinander zugehen,
- Einander Zeit für das Gespräch schenken,
- Offenes Ohr für die Anliegen der Mitarbeiter, Kollegen etc.,
- Dem anderen mit offenem Herzen begegnen,
- Im Gespräch auf die Signale des Partners achten und darauf reagieren,
- Freundlicher Umgangston,
- Sich an die vereinbarten Spielregeln halten,
- Transparenz schaffen,
- Freiräume zugestehen und Raum für Entwicklung bieten,
- Gewinn-/Gewinn-Situationen schaffen mit Lieferanten, Kunden, Mitarbeitern,
- Fair play leben,
- Die Produkte und Dienstleistungen müssen exzellent sein, aber die Beziehung zum Kunden steht im Mittelpunkt,
- Dialog, nicht Monolog,
- Respektvolle Kommunikation (niemanden bloßstellen),
- Jeder wird in die Kommunikation einbezogen (keine Ausgrenzung, kein Mobbing zulassen)
- Feedback positiv *und* negativ: nur loben macht unglaubwürdig; nur negative Kritik schafft Barrieren,
- Im Gespräch rückfragen, um sicher zu sein, dass es richtig verstanden wurde,
- Für Zusammenarbeit zwischen Abteilungen: bei Unklarheiten um Bedeutung, Priorität etc. eines Termins rückfragen,
- Offenheit auf allen Hierarchieebenen und zwischen den Hierarchieebenen,
- Jeder Mitarbeiter sollte wissen, was er für das Unternehmen geleistet hat,
- Einsatz von Humor, um zeitweiligen Frust zu überwinden,

- Informationsfluss durch geeignete Kommunikationsmittel wie z. B. Mitarbeiterinformation, Mitarbeiterzeitung, Aushang, Homepage, Intranet etc. sowie regelmäßige Mitarbeiterveranstaltungen und auch Ideenwerkstätten.

Wertschätzendes Verhalten im Problemfall:

- Um Menschen, mit denen man sich schwer tut, sollte man sich besonders kümmern (mehr Aufmerksamkeit schenken, um Ausgrenzung zu verhindern),
- Fakten auf den Tisch legen, Problem darstellen, Gründe erörtern,
- Bei Trennung von Mitarbeitern: Situation einschätzbar machen durch vorgelagerte Warnstufen; reif und mutig entscheiden; Situation klar, offen und ehrlich erklären; den Mitarbeiter trotz aller Probleme als Menschen sehen.

Die Kraftquellen für Wertschätzung in der Führungsaufgabe sind je nach Persönlichkeit unterschiedlich. Sie reichen von Spiritualität, Familie, Beziehungen mit Freunden und Bekannten, Arbeitserfolgen, Erreichung von wichtigen Lebenszielen bis zur Kraft aus sich selbst.

Die Kraft aus sich selbst kommt, indem man überzeugt ist, von dem was man tut, Sinn darin sieht und Freude und Spaß an der Tätigkeit hat.

Gewinne aus dem wertschätzenden Stil:

- Persönlich ausgeglichener, ruhiger,
- zufriedenere Mitarbeiter,
- mehr Motivation, dadurch größerer Erfolg,
- Konflikte werden leichter lösbar, es ist leichter auf der Sachebene zu einem Ergebnis zu kommen,
- Angenehmeres Miteinander und besseres Arbeitsklima,

Voraussetzungen für selbstständiges Arbeiten:

- Gemeinsames Ziel – aber eigenen Weg dorthin suchen,
- Richtige Einschätzung von Situationen, eigene Leistungen richtig bewerten, Erfolge anerkennen,
- Sich als Unternehmer im Unternehmen erleben – etwas aus eigenem Antrieb tun,

- Rolle als Mitunternehmer einnehmen,
- Statt Zielvorgaben Zielvereinbarungen,
- Eigenständiges Denken, nicht nur Befehlsausführung ohne zu denken,
- Mitarbeiter in Entscheidungsfindung einbeziehen,
- Flache Hierarchie und viel Verantwortung dem einzelnen Mitarbeiter übertragen,
- Bei Auswahl der Mitarbeiter darauf achten, ob sie zielorientiert und selbstständig arbeiten können und wollen,
- Persönliche Ziele im Mitarbeitergespräch festlegen,
- Führungskräfte schaffen Rahmenbedingungen für selbstständiges Arbeiten,
- Eine wertschätzende Kultur braucht entsprechende Organisationsformen.

Auch ein autoritär nach dem Befehlsprinzip geführtes Unternehmen kann erfolgreich sein. Aber ein partnerschaftlich geführtes Unternehmen steht langfristig gesehen auf einer breiteren Basis, weil die Ideen, die da gelebt werden, von vielen getragen werden.

Liebe *und* Erfolg ist möglich!

Die Aussagen unserer Interviewpartner beweisen, dass es möglich ist, Liebe und Erfolg miteinander zu verbinden – ja, noch mehr, dass Wertschätzung ein Motor des Erfolgs ist, wenn sie überzeugend gelebt wird. So Martin Essl: „Mit Wertschätzung ist nachhaltig ein deutlich höherer Erfolg möglich als mit Ellbogentechnik."

Die Unternehmer und Führungskräfte, die wir interviewt haben, haben Wertschätzung genau in dem Bereich umgesetzt, den sie gestalten können: in ihrem Unternehmen, in ihrer Organisationseinheit.

Es würde die Kräfte eines einzelnen Menschen bei Weitem übersteigen, die ganze Welt ändern zu wollen.

Erfolg versprechend ist es, dort etwas zu verändern, wo wir tatsächlich Einflussmöglichkeiten haben.

Liebe schafft eine bessere Welt. Sie kann viele Gesichter und Ausdrucksweisen haben. Mit Kreativität findet man in neuen Situationen immer neue Variationen der Liebe.

Jeder kann eine bessere Welt schaffen:

- als Partner in der Paarbeziehung,
- als Mutter / Vater in der Familie,
- als Lehrer für die Schüler,
- als Arbeiter für die Kollegen, mit denen er gemeinsam an der Werkbank steht,
- als Verkäufer für den Kunden, den er bestens berät,
- als Sachbearbeiter für die Kollegen im gemeinsamen Büro,
- als Abteilungsleiter für die Mitarbeiter,
- als Unternehmer für die Mitarbeiter und deren Familien, für die Lieferanten, für die Kunden,
- als Bürgermeister für die Menschen in der Gemeinde,
- als Umweltpolitiker für die Umwelt,
- als Wissenschaftler für das Wissen der Menschheit,
- usw.

Manche Menschen sagen sich: „Wenn ich sehe, was sich in der Welt abspielt – da geschieht so viel Schlimmes. Ich fange gar nicht damit an, etwas zu verbessern, denn dann würde ich verzweifeln." Manche Menschen laden die Leiden der Welt auf sich und verpassen ihre eigene, nahe liegende Aufgabe.

Als Trainer und Coaches beobachten wir immer wieder, dass Menschen ihre realen Einflussmöglichkeiten nicht sehen und sich stattdessen auf Hindernisse und negative Umstände konzentrieren. So der Abteilungsleiter, der sich mit ärgerlichen Vorkommnissen im Unternehmen beschäftigt, dabei aber übersieht, was er in seiner eigenen Abteilung schon mit relativ einfachen Mitteln zum Positiven verändern könnte – zum Gewinn für die Mitarbeiter und für das Unternehmen.

Unterschätzen Sie nicht die Wirkung der kleinen Schritte! So kann ein aufmerksames Gespräch mit einem Freund oder Kollegen diesem neuen Mut machen. Oder: Manchmal wirkt ein einfaches „Danke" Wunder.

Richten Sie Ihren Blick auf Ihre persönlichen Gaben und Potenziale. Überlegen Sie, in welchem Bereich Sie realistischerweise etwas verbessern können. Und dann bringen Sie Ihre Fähigkeiten ein, damit Sie und andere am Ende mit dem Ergebnis zufrieden sind!

Kalkulieren Sie dabei mögliche Hindernisse ein und bereiten Sie sich darauf vor, diese zu überwinden. Aber lassen Sie sich niemals von Zweifeln, Befürchtungen und Ängsten leiten. Konzentrieren Sie sich auf das, was Sie erreichen wollen und halten Sie sich das Bild mit dem angestrebten Ergebnis vor Augen. Folgen Sie Ihrer Vision.

Dabei ist empfehlenswert, die große Vision und die großen Ziele in kleinere Etappenziele aufzuteilen und eines nach dem anderen anzugehen. Sobald Sie das erste Etappenziel erreicht haben, haben Sie ein Erfolgserlebnis. Dies gibt Ihnen die Kraft, das nächste Etappenziel anzugehen und zu erreichen. Dies gibt Ihnen wiederum neue Kraft usw.

Jeder Mensch hat seine eigene Lebensaufgabe und seinen eigenen Weg. Geben Sie Ihrem Herzen Kraft und horchen Sie, was Ihnen Ihr Herz sagt. Folgen Sie der Stimme des Herzens und gehen Sie Ihren Weg.

Halten Sie die Augen offen, welche Helfer Ihnen auf diesem Weg begegnen und nehmen Sie freundliche Hilfen an.

Verwirklichen Sie Ihre Ziele und gönnen Sie sich Ihren Erfolg. Mit Liebe bekommt jeder Schritt im Leben Sinn.

Fülle auf allen Lebensebenen

Damit Liebe leben kann und Wirkung zeigt, braucht sie ein solides Fundament auf den unteren Lebensebenen. Und sie braucht Führung durch die oberen Lebensebenen.

Dies gilt für das äußere Umfeld: dass unsere finanzielle Basis stimmt, dass wir einen guten Platz in den sozialen Systemen haben, dass die Dinge funktionieren usw.

Gleichzeitig geht es darum, dass wir innerlich auf allen Lebensebenen in Fülle sind.

Damit wir nicht nur laut Kontoauszug wohlhabend sind, sondern dass wir uns auch wohlhabend *fühlen*. Dass wir tief in unserem Inneren davon überzeugt sind, dass wir Reichtum und Glück verdienen!

Liebe in ihren vielfältigen Spielarten ist ein natürlicher Ausdruck des menschlichen Seins.

Wenn wir innerlich und äußerlich reich sind, dann sind wir ganz natürlich und mühelos auch reich an Liebe. Wir haben genug zu geben und es macht uns Freude, Liebe zu geben und Liebe zu empfangen.

Dann sind wir auf der materiellen Ebene auch offen dafür, Geldeswerte zu geben und Geldeswerte zu empfangen. Je mehr wir geben und empfangen, umso mehr wächst unser Reichtum auf allen Lebensebenen.

Vom inneren Mangel zur inneren Fülle

Ein Freund von Hubert startete immer wieder mit großem Engagement verschiedene Projekte und vollendete sie zu 90%. Allerdings schaffte er fast nie die 100%, er brachte sie fast nie erfolgreich zum Abschluss. Er gab viel Energie hinein, hatte aber nur einen bescheidenen finanziellen Rückfluss und keine wirklichen Erfolgserlebnisse. Eines Tages wurde ihm klar, dass dies ein Muster war, das sich in seinem Leben wiederholte. Er fand schließlich heraus, dass er unterbewusst einem Glaubenssatz folgte, der ihn daran hinderte, erfolgreich zu sein: „Ich muss mich immer sehr anstrengen, weil ich den Erfolg nicht verdiene". Diese Überzeugung war in seinen frühen Lebensjahren entstanden und wirkte weiter aus dem Unterbewusstsein heraus.

Nun traf Huberts Freund bewusst eine neue Entscheidung: „Ich verdiene den Erfolg und es geht leicht!" Bald konnte er eine Reihe wichtiger Projekte erfolgreich abschließen, seine finanzielle Situation verbesserte sich zusehends.

Der Weg besteht darin, dass wir an unseren inneren Einstellungen arbeiten. Dass wir hinderliche Überzeugungen durch förderliche Überzeugungen ersetzen. Wir können auch die Überzeugung verändern, dass wir auf Liebe verzichten müssten, wenn wir erfolgreich sein wollen. Wir können die Überzeugung gewinnen, dass Erfolg und Liebe vereinbar sind – ja dass Liebe den Erfolg geradezu provoziert.

Wir können uns neu entscheiden – wir können uns dafür entscheiden, erfolgreich, liebevoll und glücklich zu sein.

Wenn wir neue Überzeugungen gewinnen, werden sich die dazu passenden Partner einfinden.

Was wollen wir eigentlich im Leben erreichen? Was bedeutet für uns Lebensqualität? Genügt uns ein dickes Konto oder wollen wir auch liebevolle wertschätzende Beziehungen in unserem Leben? Wie gehen wir mit uns selbst um – wollen wir uns selbst hassen oder lieben? Wollen wir unser Herz verschließen oder mit offenem Herzen und mit Freude durch das Leben gehen?

Wer sich all diese Fragen stellt, wird erkennen, dass es bisher in seinem Leben eine Reihe innerer Barrieren gab, die ihn an Erfolg und Glück hinderten. Und das kann eine schmerzhafte Erkenntnis sein. Es braucht wohl Mut, sich selbst zu begegnen, mit allen Licht- und Schattenseiten.

Das Gute daran ist: Sobald wir uns selbst wertschätzend anschauen können, haben wir erstmals die Chance, uns so anzunehmen und zu lieben, wie wir sind. Dann sind wir imstande, Barrieren niederzureißen und unseren Energien den Weg frei zu geben, hin zu Glück und Erfolg. Wir gelangen vom Mangel in die Fülle.

Wer sich selbst verändert, verändert die Welt

Ein Mensch, der sich in innerem Mangel befindet, wirkt bedürftig, selbst wenn er in einem teuren Auto fährt. Er vermittelt den anderen, dass er immer etwas braucht und haben will.

Ein Mensch jedoch, der aus innerer Fülle heraus handelt, strahlt Liebe und Zuversicht aus. Er wirkt anziehend auf andere Menschen und schenkt ihnen etwas, allein durch seine Anwesenheit. Er wirkt ansteckend in einem positiven Sinn. Er strahlt Charisma aus.

Ein Mensch in Fülle hat viele Handlungsoptionen. Andere Menschen werden ihm gerne folgen. Und: Der innere Überfluss erzeugt einen Sog, Überfluss im Äußeren zu generieren. Er braucht niemanden arm zu machen, um selbst reich zu werden. Er steht für Ausdehnung und ist ein ermutigendes Vorbild für die Menschen um ihn herum.

Je mehr Fülle und Liebe ein Mensch in sich hat, umso mehr Liebe und Fülle erzeugt er in der Umwelt. Die Projekte, die er vorantreibt, erhalten dadurch einen anderen, menschenfreundlichen Charakter. Dadurch verändert er automatisch ein Stück der Welt. Er hilft anderen Menschen, ebenfalls in Liebe und Fülle zu kommen und sich auszudehnen.

Und das hat letztlich Einfluss auf das gesamte System. Die Dynamiken der Weltwirtschaft werden durch Werte, Überzeugungen und Verhaltensweisen der handelnden Personen gemacht. Wenn sich diese ändern, wird sich der Charakter der Wirtschaft ändern.

Je mehr Menschen mit Liebe und Wertschätzung leben und wirtschaften, umso mehr werden an die Stelle erbarmungsloser Konkurrenz fairer Wettbewerb und Partnerschaft treten. An die Stelle besinnungsloser Hektik wird Schaffenskraft und Begeisterung treten. Die Verantwortung für das übergeordnete Ganze, wie z. B. für die globale Umwelt, wird steigen.

Wir können durch unser individuelles Handeln einen Beitrag dazu leisten, dass sich eine kritische Masse von Menschen bildet, die schließlich auch die Mehrheit überzeugt. So kann ein qualitativer Sprung stattfinden.

Liebe ist eine Notwendigkeit und eine Chance für die heutige vernetzte Gesellschaft.

Die evolutionäre Tendenz geht in Richtung noch mehr Vernetzung, noch mehr Zusammenarbeit. Partnerschaft und Liebe sind somit keine Wunschträume einzelner Spinner, sondern etwas, das die Welt braucht, um Zukunft zu haben.

Jeder kann im Rahmen seiner Möglichkeiten einen Beitrag dazu leisten und gleichzeitig sein eigenes Leben verbessern.

Das wichtigste Werkzeug sind wir selbst!

Hier geht es nicht darum, ein Strohfeuer der Begeisterung zu entzünden, das bald wieder erlischt.

Liebe und Wertschätzung sind vielmehr etwas für Menschen, die wissen, was sie wollen, die wissen, was für sie Erfolg heißt und die dranbleiben. Für Menschen, die Siege und Niederlagen erlebt haben und die aus jeder Erfahrung gelernt haben und stärker geworden sind. Die aus jeder neuen Erfahrung weiter lernen werden.

Begeisterung heißt in diesem Fall: Von dem Geist erfüllt sein, der meinem Leben nachhaltig Richtung und Zuversicht gibt!

Wer sich entschieden hat, Liebe in seinem Leben zu leben, der baut die Liebe auf – so konsequent, wie man ein Haus baut, Stein auf Stein.

Auf die Frage, ob Wertschätzung angeboren oder erlernbar ist, antwortet Hans Dokulil: „Zweifelsohne gibt es auch Naturbegabte. Ich selbst habe es jedoch wie viele andere nicht mitbekommen. Ich habe es lernen dürfen und können. Darüber bin ich sehr froh." Und: „Ich brauchte viele Jahre, um so weit zu kommen."

Menschen, die Mut und Kraft haben, bleiben jenen Werten und Visionen treu, die ihnen ihr Herz eingibt. Sie lassen sich nicht durch vorübergehende Zweifel davon abbringen.

Sie bleiben im Fluss durch alle Hochs und Tiefs des Lebens hindurch, und wenn es einmal stockt, tun sic alles, um den Fluss wieder herzustellen.

Jeder Mensch hat tief in sich die Sehnsucht, Liebe zu geben und Liebe zu empfangen. Es ist die Grundsatzentscheidung jedes Einzelnen, diese Liebe auch zu leben – daraus folgen viele konkrete Schritte und daraus folgt eine Lebensqualität, die unserem Menschsein entspricht.

Es ist nicht die Frage, ob wir uns Liebe „leisten können", sondern, mit welchen Werten wir daran gehen, Erfolg in unserem Leben zu verwirklichen.

Wer die Zweifel hinter sich gelassen hat und sich mit ganzem Herzen für die Liebe entschieden hat, der wird mit Liebe erfolgreich sein.

Jeder von uns, der sich für den Weg der Liebe entschieden hat und konsequent an sich selbst arbeitet, kann genau an dem Platz, an den ihn das Leben hingestellt hat, einen entscheidenden Beitrag leisten für sich selbst, für Menschen, die ihm nahe stehen, für Menschen, die er gar nicht persönlich kennt, und für die Welt.

4 Zum Abschluss

1. Kapitel
Wie geht es weiter?

Die alten Einstellungen – fressen um nicht gefressen zu werden – haben zur Krise geführt und sich als untauglich erwiesen.

Vielleicht wird mancher angesichts der Krise die Schlussfolgerung ziehen: „Ich habe mich nur zu wenig angestrengt – ich muss noch entschlossener kämpfen, dann wird irgendwann der Erfolg kommen!“ Dies wäre der Mut der Verzweiflung, nach dem Motto: „Wenn es nicht funktioniert hat – dann noch mehr desselben!“

Dies würde heißen, dass man nichts aus der Krise gelernt hat. Dies würde gleichzeitig heißen: noch mehr Druck, bis zum Burn-out.

Es braucht in Wirklichkeit neue Werte, neue Einstellungen, neue Verhaltensweisen und neue Instrumente.

- Statt dem Kampf jeder gegen jeden: Vernetzung und Kooperation!
- Statt Angst ums Überleben: Wertschätzung und Menschenliebe!
- Statt schrankenlosem Konkurrenzkampf: fairer Wettbewerb um die besten Ideen und Beiträge!
- Statt Verfolgungswahn („Nur die Paranoiden überleben“): begeisternde Zukunftsvisionen!
- Statt am Alten festzuhalten: Mut, auf andere zuzugehen und Neuland zu betreten!

Jeder von uns ist herausgefordert, alte Gewohnheiten zu verändern – im Betrieb, in der Politik, in der Familie, im Freundeskreis. Dies ist ein Prozess, der nicht von heute auf morgen erledigt ist. Dazu braucht es das Engagement von vielen Menschen. Die Führungskräfte von morgen werden jene sein, die schneller verstehen, worum es geht, und die ihre Gewohnheiten schneller ändern.

Die Herausforderung für Unternehmen besteht darin, auf die Krise nicht einfach mit „klassischen Methoden“ wie Kostenreduktion und Stoppen der Investitionen zu reagieren, denn das würde ein Schrumpfen bedeuten. Chancen für die Zukunft sind damit verbaut. Dies kann lediglich die letzte Notbremse sein, um einen Konkurs zu verhindern, es ist aber keine Unternehmensstrategie.

Zukunftsstrategien sind immer Expansionsstrategien. Expansion beginnt bei den „unsichtbaren“ Ressourcen: das Unternehmen noch intelligenter zu machen, die Netzwerke zu stärken, die Mitarbeiter noch stärker in die Unternehmensvision einzubinden, neue Produkte zu entwickeln, denen Kunden nicht widerstehen können. Wenn das Unternehmen diese Strategie verfolgt, wird sich das in der Folge an sichtbaren Ergebniszahlen zeigen.

Die Vision geht immer in Richtung der Expansion und des Erfolgs!

Die staatlichen Institutionen und damit die Politik sind gefordert, neue Aufgaben zu übernehmen. Nicht in der Aufblähung unmenschlicher Bürokratie, sondern als Dienstleistungsunternehmen, das jene Aufgaben des Gemeinwesens übernimmt, die der Einzelne, die Familie, das Unternehmen und der Markt nicht leisten können. Der Neoliberalismus ist zu Ende.

Jetzt geht es darum, jenen zur Geltung zu verhelfen, die keinen Wert auf dem freien Markt haben, wie z. B. der Umwelt und jenen Menschen, die in Not geraten sind. Es steht an, ein Umfeld zu schaffen, in dem alle Menschen die gleichen Chancen auf Erfolg haben; den Markt so zu regulieren, dass Ereignisse wie die Finanzkrise nie mehr geschehen.

Wenn jeder um sein Überleben kämpft – gegen die anderen, gegen die natürliche Umwelt, gegen ... – dann wird das Leben der Menschheit unmöglich. Die Krise kann in den Abgrund führen oder sie kann der Beginn einer neuen Epoche sein.

Die Anliegen und Probleme der gesamten Menschheit werden dann in den Griff zu bekommen sein, wenn sich die Erkenntnis durchsetzt, dass wir keine isolierten Individuen, Familien, Unternehmen und Nationen sind – sondern dass wir alle miteinander verbunden sind. Die Zukunft werden wir mit gemeinsamem Engagement bewusst und geplant gestalten!

2. Kapitel
Stellen Sie sich vor, ...

... sie haben einen stressigen Arbeitstag hinter sich, es ist schon später Abend und Sie gehen zu Bett. Sie schlafen nicht gleich ein, denn Vieles vom vergangenen Tag geht Ihnen noch durch den Kopf. Sie machen sich Sorgen, wie sich finanziell alles ausgehen wird, ob Ihr großes Projekt, in das die Firma hohe Erwartungen setzt, termingerecht fertig wird. Das Gefühl von Stress kommt zeitweise auf, aber schließlich schlafen Sie ein. Sie fallen in tiefen Schlaf.

Am Morgen werden Sie durch das Läuten des Weckers wach, Sie stehen wie gewohnt auf. Kurz haben Sie den Eindruck, dass irgendetwas anders ist als gewöhnlich. Bei der Morgenwäsche schauen Sie sich im Badezimmer um: Alles sieht heller, plastischer, irgendwie leuchtend aus. Hmm?!

Auf dem Weg ins Büro, im Bus wundern Sie sich, dass die Leute heute nicht so grantig dreinschauen, wie sonst. Ja, einige nicken Ihnen sogar freundlich zu.

Wie Sie ins Büro kommen, merken Sie, dass Sie sich freuen, die Kolleginnen und Kollegen zu sehen. Sie sagen „Guten Morgen“, bemerken, dass diese Sie einen Augenblick verwundert anschauen und dann mit einem Lächeln zurückgrüßen.

Sie machen sich konzentriert an Ihre erste Aktivität, die Sie für heute geplant haben und bringen Sie zu einem Abschluss. Erstes kleines Erfolgserlebnis!

Anschließend haben Sie eine Besprechung. Der Konflikt mit der anderen Abteilung, der schon seit Wochen schwelt, findet nach kurzer Diskussion eine verblüffend einfache Lösung.

Natürlich gibt es die üblichen Unterbrechungen, Störungen, das Telefon usw., aber Sie merken, dass Sie sich dadurch nicht stressen lassen, und Sie bleiben dabei, systematisch eine Aufgabe nach der anderen zu erledigen.

Am Ende des Arbeitstages schauen Sie noch einmal in Ihren Zeitplaner und merken, dass Sie heute Vieles erledigt haben. Na ja, Einiges ist noch offen, aber die Fertigstellungstermine sind ja erst nächste Woche.

Sie fahren nach Hause, setzen sich erst einmal in Ruhe in einen bequemen Lehnstuhl und lassen den Tag Revue passieren. Sie bemerken, dass dieser Tag, der ein ganz normaler Arbeitstag war, freundlicher, wertschätzender, leichter, liebevoller und ergebnisreicher verlaufen ist, als andere Tage. Wie kam es dazu?

Und da erinnern Sie sich, dass Sie vergangene Nacht einen Traum hatten: Ein weiser Mann in reifem Alter erscheint und spricht zu Ihnen: „Ich bin das, was man einen erfolgreichen Menschen nennt. Ich habe in meinem langen Leben schon viele Triumphe, aber auch einige Niederlagen erlebt. Es gab auch eine Zeit in meinem Leben, als ich ins Burn-out fiel und arbeitsunfähig wurde. Dieses Erlebnis war für mich ebenso lehrreich wie meine Erfolge.

Was habe ich daraus gelernt? Es ist Zeit, den Krieg zu beenden! Jenen Krieg, den ich glaubte, mit anderen führen zu müssen, den ich in Wirklichkeit aber gegen mich selbst geführt habe. Ich habe gelernt, auch noch mit jenen respektvoll umzugehen, von denen ich geglaubt habe, dass sie mir schaden wollen. Auf den Punkt gebracht: Ich habe gelernt, Liebe zu leben. Und dann merkte ich, dass meine Feinde weniger und weniger wurden. Ich wurde erfolgreicher als zuvor. Ich spürte auch, dass ich die Menschen, die ich persönlich sehr mag, mehr lieben konnte. Und ich konnte mich auf einmal selbst lieben!

Gestatte mir, Dir etwas zu raten: Gib auch Du den Krieg auf. Geh mit Liebe auf die Menschen zu. Mach Deine Arbeit mit Liebe und sei mit Liebe für Deine Familie, Deine Kollegen und Deine Freunde da!“

Anhang

Literaturhinweise

Bauer Joachim, Warum ich fühle, was du fühlst. Intuitive Kommunikation und das Geheimnis der Spiegelneurone, München 2006, Heyne Verlag

Bauer Joachim, Das Gedächtnis des Körpers. Wie Beziehungen und Lebensstile unsere Gene steuern, München 2004, Piper Verlag

Bauer-Jelinek Christine, Die geheimen Spielregeln der Macht, Salzburg 2007, Ecowin Verlag

Blanchard Ken, Sheldon Bowles, Gung Ho! Wie Sie jedes Team in Hochform bringen, Reinbek/H. 2003, Rowohlt

Dalai Lama, Laurens van den Nuyzenberg, Führen, Gestalten, Bewegen. Werte und Weisheit für eine globalisierte Welt, Frankfurt/M. 2008, Campus

Deering / Dilts/Russell, Alpha Leadership. Tools for business leaders who want more from life, Chichester 2002, John Wiley & Sons, LTD

Dilts / Mc Donald, Tools of the Spirit, Capitola 1997, Meta Publications

Dilts R. / DeLozier J., Encyclopedia of Systemic Neuro-Linguistic Programming and NLP New Coding, Scotts Valley 2000, NLP University Press

Dilts Robert, Changing Belief Systems, Capitola 1990, Meta Publications

Dilts Robert, Visionary Leadership, Capitola 1996, Meta Publications

Dilts Robert, Modeling mit NLP, Paderborn 1999, Junfermann Verlag

Dilts Robert, Einstein. Geniale Denkstrukturen & Neurolinguistisches Programmieren, Paderborn 1992, Junfermann Verlag

Frankl Viktor E., Man's search for meaning. With a new foreword of Harold S. Kushner, Boston 2006, Beacon Press

Geißler / Sattelberger, Management wertvoller Beziehungen. Wie Unternehmen und ihre Businesspartner gewinnen, Wiesbaden 2003, Gabler

Gilligan Stephan, The Courage To Love, New York 1997, W.W. Norton

Goleman Daniel, Emotionale Intelligenz, München 2000, dtv

Gordon Thomas, Managerkonferenz. Effektives Führungstraining, 1989, Heyne Sachbuch

Gordon Thomas, Familienkonferenz. Die Lösung von Konflikten zwischen Eltern und Kind, 1989, Heyne Sachbuch

Hawkins David, Die Ebenen des Bewusstseins. Von der Kraft, die wir ausstrahlen, Kirchzarten b. Freiburg, 5. Aufl. 2006, VAK Verlag

Hüther Gerald, In: Ralf Caspary (Hsg.), Lernen und Gehirn. Der Weg zu einer neuen Pädagogik, Freiburg/Br. 2006, Herder Verlag

Keynes John Maynard, Allgemeine Theorie der Beschäftigung, des Zinses und des Geldes, 10. Auflage, Berlin 2000, Duncker & Humblot

Maslach/ Leitner, The Truth About Burnout. How organizations cause personal stress and what to do about it, San Francisco 1997, Jossey-Bass Publications

Maslow Abraham H., Motivation und Persönlichkeit, Reinbek/H. 2008, Rowohlt TB

Maslow Abraham H., Psychologie des Seins, Frankfurt 2000, Fischer TB

Miller Alice, Am Anfang war Erziehung, Frankfurt/M. 1983, Suhrkamp TB

Rosenstiel Lutz von u.a., Organisationspsychologie, Stuttgart 1979, Kohlhammer

Saint Exupèry Antoine de, Der kleine Prinz, Düsseldorf 2007, Karl Rauch Verlag

Salcher Andreas, Der begabte Schüler und seine Feinde, Salzburg 2008, Ecowin Verlag

Spezzano Chuck & Lency, Beziehungskunst, Führungskunst, Spritiualität, München 2003, Integral Verlag

Spezzano Chuck & Lency, Es muss einen besseren Weg geben, In: Die Grundprinzipien der „Psychology of Vision", Petersberg 2008, ViaNova Verlag

Spitzer Manfred, Nervensachen. Geschichten vom Gehirn, Frankfurt/M. 2005, Suhrkamp

Spitzer Manfred, Nervenkitzel. Neue Geschichten vom Gehirn, Frankfurt/M. 2006, Suhrkamp

Spitzer Manfred, Lernen: Gehirnforschung und die Schule des Lebens, Heidelberg 2006, Spektrum Akademischer Verlag

Statistik Austria, Gesundheitsrisiko Arbeitsplatz: Belastungsfaktoren, Gesundheitsbeschwerden und Arbeitsunfälle, Wien 21.08.2008, www.statistik.at

Statistik Austria, Indikatoren zu Eheschließlungen und Ehescheidungen, Wie 18.02.2008, www.statistik.at

Steindl-Rast David, Achtsamkeit des Herzens, Freiburg/Br. 2005, Herder Verlag

Tipping Colin C., Ich vergebe. Der radikale Abschied vom Opferdasein, Bielefeld 2007, J. Kamphausen

Tipping Colin C., Vom Herzenswunsch zur Realität. Mit spiritueller Intelligenz Träume erfüllen, Bielefeld 2007, J. Kamphausen

Weber Gunthard (Hsg.), Derselbe Wind lässt viele Drachen steigen. Systemische Lösungen im Einklang, Heidelberg 2001, Carl-Auer-Systeme Verlag

Weber Gunthard und Gross Brigitte, Organisationsaufstellungen, In: G. Weber (Hsg.), Praxis des Familienstellens, Heidelberg 1998, Carl-Auer-Systeme Verlag

Werner Götz, Wirtschaft – das Füreinander-Leisten. Antrittsvorlesung am 11.05.2004 an der Universität Karlsruhe, Karlsruhe 2004, Universitätsverlag Karlsruhe

Zechmeister Elisabeth, NLP verändert Schule, 2007, Books on Demand

Zechmeister Elisabeth, Zur Wirkung von NLP auf Leistung und Motivation von Volksschulkindern, In Anhang: Transkripte der Schülerinterviews, Innsbruck 2003, Dissertation Leopold-Franzens Universität Innsbruck

Zimbardo Philip G. / Gerik Richard J., Psychologie, 16. Auflage München 2004, Pearson Studium

Unsere Interviewpartner

Hans Dokulil Exportleiter von Biomedica Medizinprodukte GmbH, Leitung der Tochterniederlassungen in Zentraleuropa

Komm.Rat Martin Essl Unternehmer und Vorstandsvorsitzender der bauMax AG.

Dr. Josef Fegerl War über Jahre Generaldirektor-Stellvertreter bei der voestalpine AG, dann Vorstand bei der MIBA AG. Im Ruhestand in einigen Aufsichtsräten und als Berater tätig.

Ing. Gerhard Graßegger Baumeister. Niederlassungsleiter Graz bei ALPINE Bau GmbH

Bgm. Werner Gutzwar Bürgermeister von Fürstenfeld

Mag. Peter Kospach Geschäftsführer Therme Loipersdorf

DI Dr. Wolfgang Lakata Mitglied des Vorstandes der voestalpine Stahl GmbH., Verantwortlich für den Bereich Technik und Produktion.

DI Peter Malata Unternehmer und Geschäftsführer W&H Dentalwerk Bürmoos

DI DDr. h.c. Peter Mitterbauer Unternehmer und Vorstandsvorsitzender der MIBA AG. 1996 – 2004 Präsident der Vereinigung der Österreichischen Industrie.

Ing. Werner Mras Musiker sowie Abteilungsleiter bei AKM (Gesellschaft der Autoren; Komponisten und Musikverleger)

Franz Peneder Unternehmer und Geschäftsführer Peneder Holding GmbH

Dipl.Päd. Ing. Thomas Prigl Baumeister. Geschäftsführer der Bauakademie der Bauinnung Wien

Dr. Herti Rath Ärztin für Allgemeinmedizin. Kurärztin in der Therme Loipersdorf und Arbeitsmedizinerin bei ACC Fürstenfeld und im LKH Fürstenfeld

Komm.Rat Mag. Claus Repnik Geschäftsführer des Kompressorenerzeugers ACC Austria GmbH, ein Tochterunternehmen der internationalen ACC-Gruppe.

Mag. Wolfgang Vlk Leiter des Konzernrechnungswesens der Raiffeisen Holding NÖ – Wien. Präsident des Wiener Basketballverbandes

Die Autoren

Dr. Elisabeth Zechmeister In einer Unternehmerfamilie aufgewachsen, erlebte sie schon von klein auf das Spannungsverhältnis zwischen wirtschaftlicher Denkweise und menschlicher Wertschätzung, sowie den unterschiedlichen Umgang damit. So entstand ihr Interesse an menschlichen Verhaltensweisen und deren Weiterentwicklung. Dieses Interesse führte sie vorerst an die Pädagogische Akademie. Später graduierte sie in Psychologie und absolvierte eine Ausbildung zur Psychotherapeutin.

Als Trainerin und Coach für Menschen in Unternehmen verbindet sie heute die beiden Welten – Business und Psychologie – miteinander. Als Pädagogin ist sie von ihrer Vision geleitet, dass die Schule zu einem Ort wird, an dem Lehrer und Schüler mit Zuversicht und gegenseitiger Wertschätzung erfolgreich zusammenarbeiten.

Als Professorin an der Pädagogischen Hochschule in Eisenstadt vermittelt sie diese Vision an künftige Lehrer.

Sie ist Lehrtrainerin für NLP und entwickelte ein spezifisches Übungsprogramm für Volksschüler, das zu signifikant höheren Leistungen, sowie zu nachweislich erhöhter Motivation von Schülern und Lehrern führte. (wissenschaftliche Studie „NLP verändert Schule", siehe Literaturliste).

Ihr Leitsatz: „Wir schaffen es gemeinsam – wahrer Erfolg entsteht in einer Atmosphäre von Liebe und Wertschätzung. Wir schaffen eine Welt, zu der Menschen gerne gehören."

Email: elisabeth@nlpacademy.at

Mag. Hubert Worliczek Er wollte schon immer wissen, wie soziale Systeme funktionieren. Dies führte ihn zum Studium der Wirtschafts- und Sozialwissenschaften. In der Auseinandersetzung mit den Problemen von Familie, Wirtschaft und Gesellschaft entstand in ihm die Überzeugung, dass es bessere Wege geben muss. Befriedigende Antworten blieben allerdings vorerst aus.

Später, als Leiter von EDV- und Organisationsprojekten in namhaften österreichischen Dienstleistungsunternehmen, erkannte er, dass gegenseitige Wertschätzung im Team der Schlüssel ist für erfolgreiche Zusammenarbeit und hervorragende Ergebnisse. Diese Erfahrung führte dazu, dass er sich 1984 als Trainer und Coach selbständig machte und dass Wertschätzung zu einem Leitwert seiner Arbeit und seines Lebens wurde. In seiner Arbeit mit Organisations- und Familienaufstellungen hat er dieses Verständnis vertieft.

Heute ist er Inhaber von CORDEVOS Training Coaching Consulting. Er begleitet Menschen, Teams und Unternehmen auf ihrem Weg hin zu mehr Erfolg und zu mehr Wertschätzung für sich und andere.

„Nur begeisterte, inspirierte Menschen bringen exzellente Ergebnisse“ lautet sein Leitsatz, womit nicht das Strohfeuer einer kurzfristigen Euphorie gemeint ist, sondern die Begeisterung jenes Menschen, der sich am richtigen Platz fühlt, der Sinn in seiner Tätigkeit erfährt und das Gefühl hat, einen besonderen, unterscheidbaren Nutzen für andere zu stiften.

Email: worliczek@cordevos.at

Hubert Worliczek und Elisabeth Zechmeister leiten persönliches Coaching, Workshops, Seminare, Projekte und Lehrgänge auf der Grundlage von menschlicher Wertschätzung. Sie richten sich an Privatpersonen, an Mitarbeiter und Führungskräfte, an Teams und Unternehmen.

Weitere Informationen finden Sie unter: www.cordevos.at/html/buch.html oder www.nlpacademy.at/html/buch.html
Hier haben Sie auch die Gelegenheit, mittels Weblog über die Inhalte dieses Buches zu diskutieren.

Weitere Anfragen, Bemerkungen, Kommentare senden Sie bitte an den Verlag: verlag@goldegg-verlag.at

Stichwortverzeichnis

F

G

H

I

J

K

L

M

N

Barbara Heitger/Alexander Doujak

Managing CUTS and New GROWTH

an inovative approach to change management

Change management often means simultaneously making cuts and promoting new growth. **Un:balanced Transformation** provides managers and consultants with essential models and instruments for:

- effectively steering change projects with seemingly contradictory targets and dynamics
- implementing cuts decisively, but with sincerity
- encouraging new growth and innovation
- utilizing the opportunities and navigating the challenges of typical change phases
- doing the power of figures and the logics of feelings justice

Case studies from different companies give insight into change management practice. Specific designs and tested interventions provide managers with ideas on how to steer change projects effectively through each phase.

GOLDEGG VERLAG

Hardcover, 336 färbig illustrierte Seiten
Format 17 x 24 cm
ISBN: 978-3-901880-46-9

Preis: 39,00 €

Bestellen Sie unter +43 (0) 1 505 43 76-30 oder per Fax: +43 (0) 1 505 43 76-20 oder unter verlag@goldegg-verlag.com